Mapping the Planets

行星的故事

图解太阳系行星探索发现

[英] 安妮·鲁尼（Anne Rooney）著

但志强 译

华中科技大学出版社
http://www.hustp.com

有书至美
BOOK & BEAUTY

中国·武汉

图书在版编目（CIP）数据

行星的故事：图解太阳系行星探索发现／（英）安妮·鲁尼（Anne Rooney）著；
但志强译. —武汉：华中科技大学出版社，2022.4
ISBN 978-7-5680-8072-9

Ⅰ.①行… Ⅱ.①安… ②但… Ⅲ.①行星－普及读物 Ⅳ.①P185-49

中国版本图书馆CIP数据核字（2022）第042733号

Published by arrangement with Arcturus Publishing Limited
© Arcturus Holdings Limited
www.arcturuspublishing.com
This edition first published in China in 2022 by Huazhong University of Science and Technology Press,
Wuhan City
Chinese edition © 2022 Huazhong University of Science and Technology Press
All Rights Reserved.

本作品简体中文版由Arcturus Publishing Limited授权华中科技大学出版社有限责任
公司在中华人民共和国境内（但不含香港、澳门和台湾地区）出版、发行。

湖北省版权局著作权合同登记　图字：17-2021-185号

行星的故事：
图解太阳系行星探索发现

[英]　安妮·鲁尼（Anne Rooney）著
但志强 译

Xingxing de Gushi : Tujie Taiyangxi Xingxing Tansuo Faxian

出版发行：华中科技大学出版社（中国·武汉）　　　电话：（027）81321913
　　　　　华中科技大学出版社有限责任公司艺术分公司　（010）67326910-6023
出 版 人：阮海洪

责任编辑：莽　昱　杨梦楚
责任监印：赵　月　郑红红　　　　　　　　封面设计：邱　宏

制　　作：北京博逸文化传播有限公司
印　　刷：广东省博罗县园洲勤达印务有限公司
开　　本：635mm×965mm　　1/12
印　　张：16
字　　数：100千字
版　　次：2022年4月第1版第1次印刷
定　　价：198.00元

本书若有印装质量问题，请向出版社营销中心调换
全国免费服务热线：400-6679-118　竭诚为您服务
华中出版　版权所有　侵权必究

目录

引言
星球之舞

　　与太阳系中的其他行星一样，地球是个呈不规则球体的星球，照耀其上的所有光线都源自太阳，另外，地球也围绕着其地轴自转——既然木星和土星这种岩石行星和地球的基本特征一样，推及其他岩石行星，想必也是如此。同理，既然地球有月球这样的卫星环绕自身，像土星和木星也应该有环绕运转的卫星。再同理，既然各个行星之间已经有了这么多的相同之处，那肯定还可能存在更多共同特点。如此这般，会不会有其他星球跟地球一样美丽，甚至跟地球一样都拥有属于该星球的原住民呢？

——克里斯蒂安·惠更斯（Christiaan Huygens）

《宇宙论》（*Cosmotheoros*），1698年

　　自1609年伽利略将不完美的月亮带入大众视野，人类就发现太阳系其他星球上的世界与地球的面貌天差地别，无尽的心力与想象被倾注到探索太阳系未知世界的努力当中。我们一直努力探索着，想要看看其他星球与地球究竟有几分相似。如果说它们的美与地球截然不同，那么就令人不禁遐想，在这些星球之上是否可能存在属于该星球的原住民呢？对于绘制星图这件事，人类付诸的努力从史前贯穿至今，直到现代才取得了令人惊叹的巨大成功。不过毫无疑问的是，对于这些太阳系中的近邻，还有更多神秘的面纱在等待我们揭开。

仰望星空

　　尽管从各文明先祖留下的种种艺术作品以及纪念碑文中，我们很难了解他们是怎么讲述自己的所见所闻的，但是这些存留下的遗迹都让我们明白，人类祖先无疑是一群杰出的天文学家。他们一定已经注意到了，天空中的许多光点一直闪烁着，彼此之间保持着相对静止，它们共同组成的图案经年累月依旧清晰可见。同样的，他们也一定注意到了在夜空中有5个亮点从不闪烁，稳定地散发着光芒，穿行于璀璨的星河背景之下。古希腊人随后给这几颗流浪的行星起了个名字，叫作"Planetos"（行星），意思就是"流浪者"。除了太阳，这几颗行星就是太阳系中的几颗主要星体，是地球的兄弟姐妹。现如今我们认为在太阳系中有8颗主要的行星，但是只有5颗（地球除外）我们能够用肉眼看见并识别出来，它们分别是：水星、金星、火星、木星与土星。

聚焦太阳系中心

　　对于人类来说，从对行星的观察到建立一个与它们相关的智能模型，研究它们的运行模式、与地球之间的联系如何，这是一个十分巨大的进步。人们需要夜以继日地观测天空中移动的点，同时计算星体从最初的观测位置开始移动，然后回转至初始点究竟需要多久，以此来搭建起整套体系。事实上，最早的天文学记录距今已经有超过3000年的历史了。公元前1595年到公元前1157年制造的巴比伦泥板上就记载了金星为期21年的运行周期。

　　到公元前8世纪左右，巴比伦的天文学家已经成了观测与计算行星位置的专家，这样的技术也有利于他们研究占星术，他们对于行星的观测对日后天文学家的研究大有裨益。据记载，希腊人首次模拟了太阳系的行星运转，不过在当时他们的学说有两个版本：第一个版本将地球放在太阳系的中心，第二个将太阳放在太阳系的中心。不过仅仅通过当时的观测结果来看，人们没办法分辨出哪种学说是正确的，因为两种模型从地球的角度来说没什么差别。

这片出土于中国的甲骨文描述了公元前1192年12月27日发生的月食。现存最早的甲骨文之一则记录了公元前1302年的日食。

银河星系是由数千亿（预估数量在1000亿至4000亿之间）颗恒星组成的棒旋星系，在泰国景点巨石阵（Mo Hin Khao）上方的天空，可以看到一条由繁星点缀而成的朦胧亮带，那就是我们所见的银河。由于光污染，现代人难以用肉眼观察到银河的样子。对于我们的祖先而言，银河在每个清澈的夜空中都清晰可见。

最知名的地心说模型最初是由公元前4世纪的知名哲学家亚里士多德提出的，随后埃及天文学家托勒密又在公元前2世纪促进了地心说的发展。这个模型将月球与太阳放在跟地球最接近的位置，太阳系中的其他行星按顺序安置于后面，然后星空中的"固定行星"被放置在了最外侧的区域。行星的排列顺序可以通过每个行星返回最初始的位置所需要的时间进行排序，需要时间最短的行星相应拥有最短的轨道，在当时轨道越短也被认为离地球越近。地心说与我们日常生活中的经验（即太阳看似在天空中移动）是相符的，这样的学说也符合犹太-基督教的信仰，即上帝为了让人类繁衍生息而创造出地球给人类居住。除此之外，这种学说还将人类和地球与环绕着他们的天体之间隔离了开来，让人们所居住的星球与教义中的"天堂"隔离开来，这种学说还正好符合了教义中的"地狱在地下"这一说法，这样一来这种学说在人们的眼中变得更完美了。地心说在16世纪中叶之前几乎没有受到过任何挑战。然而早在公元前3世纪就由阿里斯塔克斯（Aristarchus of Samos）提出的日心说，在托勒密的地心说模型当中没有任何可取之处，而且这个学说的一个重要缺点在于在它的理念中，"人类"变得没有那么特殊了。随后这种学说就埋没在了历史长河当中，直到1543年，波兰天文学家哥白尼才重新提出这一观点。当然这样的学说肯定不会受到教会的欢迎，因为它与《约书亚记》中所描述

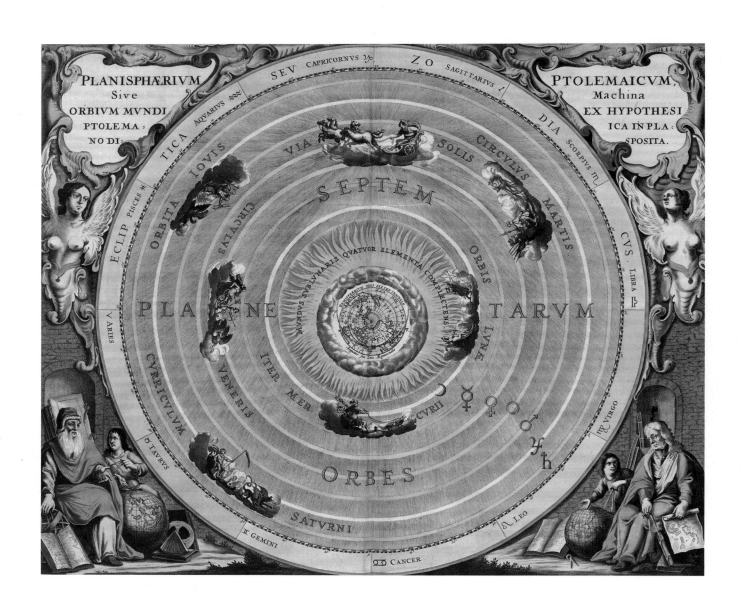

的"上帝阻止太阳在天空中行进"相悖。不过这样的学说在当时没有被立刻推翻，相反地，它之所以短暂地流传了一段时间，很大一部分原因在于日心学说十分利于预测当时的行星运行，它也绝不只是以只言片语描述宇宙运行的状态，而是综合而全面地讲述了太阳系当中的行星关系与运行逻辑。

环状运行的行星

想要从地球上了解其他行星的运动实属不易，每一次的观测过程都会被明显的逆向运动（逆行）所打断，此时的行星运动在观测中会短暂地停滞并发生逆向运动，然后再停滞，再继续运行。这种观测结果是从一颗本身就围绕太阳转动的行星上（地球）得到的，因此我们自然无法得到正确的答案。直到17世纪，这种"停滞"运动才得到了正确的解释。为了适应这种模型并且精准地预测天体运行的轨迹，我们需要找到一个恰当的办法来准确地描述太阳系中的"星球之舞"。最终找到的解决方法被称为"本轮-均轮"系统，即所有的行星被认为是绕着一个小圆圈（本轮）旋转，而所有行星运行所绕的圆圈圆心则统一绕着地球转。哥白尼改进之后的模型在预测运行轨迹这方面实际上还是与真实情况相差甚远，因为他依然假定绕太阳运行的轨道是一个完整的圆形，他仍旧需要根据本轮定位来预测正确的天体位置。由于本质上并没有什么令人信服的新突破，当时的天文学家仍旧坚持托勒密的原始模式，而非哥白尼的日心说新模型。

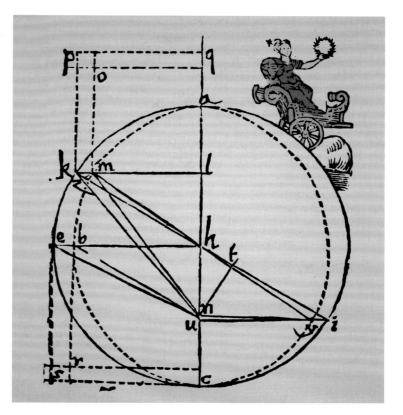

开普勒于1609年在著作《新天文学》中标注的火星轨道。

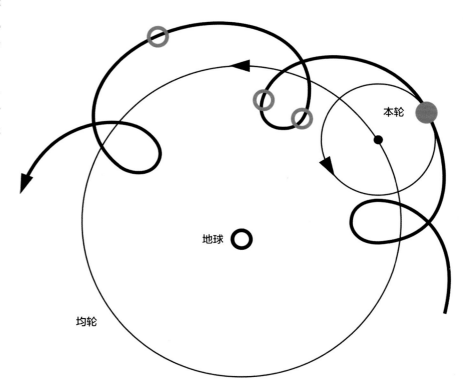

对页图： 托勒密的太阳系模型将其他行星、月球以及太阳都放在了一个环绕着地球运行的同心轨道当中。

右图： 一颗星球（标红）绕其本轮运转的同时还绕着地球（标白）运转。

本轮

地球

均轮

"把圆挤扁"

随后，时间来到了1609年，来自德国的天才天文学家开普勒根据火星轨道的详细测量数据改进了哥白尼的模型，并且由此发现了行星运行的轨道是椭圆形而非圆形，人们根本不需要所谓本轮-均轮模型来解释行星间歇性的逆行运动，我们观测出来的那些圆形运行轨迹只是我们从地球上观察的结果，我们自身的椭圆运行轨迹加上它们自身的椭圆运行轨迹，两者重叠才产生了所谓的"逆行"运动。在开普勒体系下，所有行星运动的位置都可以被精准测定，同时之前所有的"天文学异常"在他的体系下也全都迎刃而解。由于开普勒的出现，日心说理论变得不仅仅只是纸上谈兵了，紧张局势一触即发，几乎在同一时间发生的另一件事，使这种微妙的局面进一步复杂化了。

PLANISPHÆRIVM Sive VNIVERSI TO: EX HYPO: COPERNI PLANO

COPERNICANVM
Systema
TIVS CREATI
THESI
CANA IN
EXHIBITVM.

"打开天堂之门"

　　1608年，荷兰透镜制造商汉斯·利波西（Hans Lippershey）被认为是望远镜的发明者。随后意大利科学家伽利略在很短的时间之内就改进了这种装置并且把它对准了苍穹。他的望远镜将天空中的一个个亮点放大成了一个个"光盘"，"光盘"为我们揭示了月球表面上坑坑洼洼的陨石坑，也显示出了银河中包含了无数的行星。从此以后，天堂的本来面目得以揭晓，它再也不是原来人们想象中的样子了。对于宗教世界来说，有行星的存在只是让教会感到隐隐不安，尚未捅出什么大篓子，可是当伽利略发现了环绕土星运行的卫星时，地心说才真正遭到了猛烈冲击。如果说其他卫星可以绕着其他行星运转，那么太阳系中的其他行星肯定不会只绕地球运转，这一发现几乎使得地心说土崩瓦解。

　　伽利略也在后来被日心说所吸引，同时这种日心模型也在日后得到了推广，日心说并不只是为了数学上的计算便利，更是为人类揭示了真正的"天堂"是什么样的。当然了，这样的情况是教会不愿意看见的。随后，伽利略在1633年被教会指控为邪教分子，他的著作以及与日心说相关的教学也全部被禁止了。直到300多年后，天主教会才为他们对伽利略的所作所为和对事实的谴责正式道歉。

对页图： 伽利略向当时的威尼斯总督展示自己的望远镜。

左图： 哥白尼将太阳放置于太阳系的中心，只有月球仍然绕着地球转，剩下的其他行星都绕着太阳运行。

镜头里的星球表面

　　很快，望远镜的发明让人们得以方便地进行更高等级的测绘工作，天文学家现如今不仅可以计算出行星的序列以及运转轨道，还可以更详细地了解这些星体的细节。望远镜技术的迅速发展使得越来越多的行星以及其卫星的细节进入了人们的视野。经过了150年的观测与技术发展，人们通过望远镜还发现了新的行星、卫星以及更小的天体，例如矮行星与小行星。安置在山顶上的望远镜使得来自地球大气层的干扰降低到了最低程度。然而，身处大气层之外的望远镜则可以完全不受大气层带来的失真影响，这样可以获得更为清晰的视野。哈勃太空望远镜于1990年发射升空，很快，人们通过它史无前例地详细了解到这些行星及卫星的真实面貌。通过在紫外线、红外线以及可见光三个光谱带下的成像对比，哈勃望远镜显示出星球之间在热量上的差异以及其他一些之前没能注意到的细节。

距地568千米（约353英里）的哈勃太空望远镜。

除了光，我们还能看到什么

　　光学望远镜到目前为止只能通过直接观察行星的模样来了解行星，然而在19世纪，光谱学的发展为天文学家新提供了一种价值千金的工具。通过观察行星发出的光，我们就有可能找出行星所含化学元素，这是因为不同元素吸收和反射的可见光、红外线与紫外线的光谱图不一样。行星所反射的光来自太阳，所以通过比较一个行星反射的光与太阳光的光谱图就可以得出这个行星的构成组分。当然这样的方法也是有问题的，那就是太阳光会被行星的最外层所反射，像金星这种大气层很厚的行星，我们通过分析仅能了解其大气层的组成成分。除此之外更戏剧性的一点在于，当我们发射的航天器靠近行星、卫星或是小行星时，这些航天器经常会登陆甚至撞击在这些星球的表面，因此

也可以传送回一些我们在地球上闻所未闻见所未见的信息。目前我们已经收集到了月球、怀尔德2号彗星以及25413号小行星（又名丝川星）上的信息。环绕星球运行的航天器所传送回了高质量的图像，足以对一部分行星（并不包括所有行星）进行全面测绘。目前仍有许多区域是我们没办法看见的，比方说一些行星的黑暗面、它们的卫星以及一些从未到访过的星球。未来的行星绘图师们仍有许多工作要做。

顶部图： 这张水星的伪彩色照片为我们提供了有关该行星表面构成的相关信息。

右图： 冥卫一是遥远的矮行星冥王星的卫星，冥卫一是一个黑暗而又遍布岩石的寒冷世界，与太阳天各一方。

插画师绘制的太阳系诞生之初的效果图，由一颗年轻的太阳与其原始星盘构成。

构建整个太阳系

绘制行星地图的原因之一在于进一步了解太阳系的历史以及整个星系是如何形成的。我们目前认为，太阳与其他行星一样，由一团塌陷的气体和尘埃凝聚而成。当粒子在重力的作用下被拉近时，它们的坍塌也在不断加速，这样的进程在不断进行，直到整个气团的核心密度到达一定程度、核聚变开始为止。随后，星球的核心不断旋转，使得剩余的其他物质聚集在星球的赤道上，形成一个盘旋的圆盘。在这个原始的行星盘中，质量更大的元素与岩石、尘土在重力的作用下被拉向星球核心，而较轻的元素则集中在星球表层，随后类似的聚集过程在星体内部反复上演。离太阳最近的岩石形成了水星、金星、地球和火星这4颗类地行星。而远离太阳的气体和冰形成了气态行星与冰巨星（冰态巨行星），即木星、土星、天王星与海王星。

大小星球

太阳系绝不只是星球的家园。太阳系里的许多行星都有自己的天然卫星，它们要么是在碰撞中形成的（我们的月球应该就是这样），要么是游荡的小行星在距离太近的时候受捕获而形成的。许多小行星都拥有自己的前进轨道,这意味着它们绕着行星运转的方向会与自身的自转方向相同。它们的运行轨道通常会随着自身与更大的行星接近而逐渐形成。这样的行星被称为规则卫星。而有些卫星的运行方向与自转方向相反,这样的卫星一般与其环绕的星球距离非常远,在运行过程中被星球捕获了之后就被称为不规则卫星。

尺寸与距离

在本书的剩余部分,我们的主要目光将会放在单个天体的星图绘制上,不过现在让我们暂停片刻,把行星放在一个统一的背景下进行对比。木星是地球的11倍还多,而太阳比木星还要大10多倍,如果我们把地球的直径设定为1毫米,那么冥王星的直径将会长至0.6千米!出于这个原因,天文地图也从来没有在图上按照真实比例描绘客观距离(除了偶尔会用到对数作为计量刻度),不然如果按照真实情况来画的话两个星球就没办法放到一页纸上了。除此之外,我们还要记住一点,那就是我们看到的星图所描绘的都是凝固在时间中的瞬时景象。行星和其他天体不断在宇宙中飞驰,因此地球在某个特定时刻可能离火星"触手可及",也有可能位于太阳另一侧远离火星的位置。所有行星都没有完全圆形的轨道,因此它们轨道的直径也只能以平均值或者以一定的范围给出,这个范围就是近日点(星球离太阳最近的点)与远日点(星球离太阳最远的点)的距离。

星球大小的对比,从上往下为海王星、天王星、土星、木星、火星、地球、金星、水星。

第一章
岩石行星：
充满岩石与水的世界

图中的4颗岩石行星就是包括地球在内离太阳最近的4颗行星。作为我们在宇宙中的近邻，水星、金星与火星理所应当地成了我们探索太空的首要目标。这些行星的存在也成了许多科幻小说作家以及艺术家想象力的摇篮，他们都幻想着有朝一日人类可以在太阳系的其他星球上繁衍生息。

从左到右分别为： 水星、金星、地球以及火星。这4颗岩石（类地）行星都十分致密，坚硬的星球表面被硅酸盐岩石覆盖，它们的核心都是由以铁为主的重金属构成的。不过这些星球的相似点也就到此为止了，除此之外，它们可以说是完全不同的几个世界。

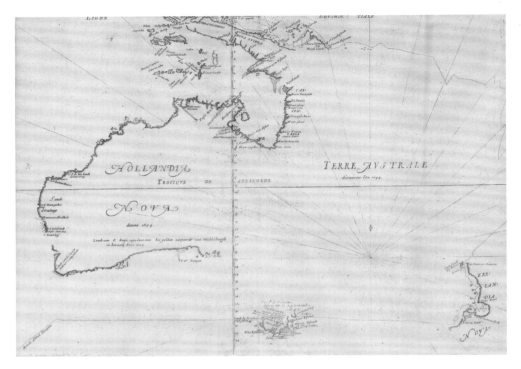

由于某些地区的整体地貌尚且不为人知，法国自然科学家让·德·泰维诺（Jean de Thévenot）在1663年绘制的大洋洲地图上留有非常大的空白。更有想象力的绘图师们有时则会在图上绘制奇幻的野兽来象征未知区域。

远亲与近邻

世界上最早的地图是绘图师们步行或乘坐简易船只勘测出来的，因此只涵盖他们所处的一小部分地区。他们也完全想象不到自己身处的一叶扁舟是怎样存在于广袤的世界当中的。随着时间的推移，地图的绘制者们得以从一个更为宏观的角度来审视我们所处的世界。在早期，一些绘图者们绘制地图时将自己身处的区域置于一片未知的领域当中，随后，这些未知的领域也慢慢地被揭开了神秘的面纱。

近些年来随着望远镜的出现，绘制太阳系中的其他天体（不包括它们的运动轨迹）才首次成了一项可行的事业。科技的限制并不在于望远镜看的距离不够远，而在于它只能看到远处的画面却不能拍摄特写。

在当时，岩石行星最早的星图是由天文学家通过望远镜观察到的图像绘制的，那是色彩、亮光以及阴影并存的图像。不过在当时，天文学家绘制的图像并没有办法与真实的星球外观进行对比验证，因此他们绘制的图像也自然而然地存在许多问题，比方说火星上的一些线条被他们误认为是运河（实际上那些线条甚至都不存在，不过这就是另一回事了）。再比方说金星表面上的多云气候让人们以为这是一个热气蒸腾的热带天堂，然而，其表面的超高温度使其成了整个太阳系里最热的星球，简直是个地狱般的大蒸锅。

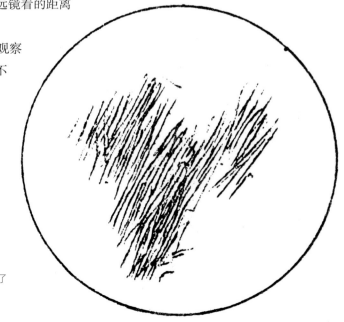

荷兰天文学家克里斯蒂安·惠更斯（Christian Huygens）于1659年绘制了这份火星草图，这是人类历史上第一份有关火星表面细节的相关记载。

哈勃太空望远镜于1997年
清楚地显示出火星极地表
面的冰盖，而早在1666年，
乔瓦尼·卡西尼（Giovanni
Cassini）就首次报道了火
星上有冰盖存在。

　　想要提高对这些岩石行星的认知，首先就需要更先进的望远镜。现如今空间望远镜、雷达以及计算机成像技术已经彻底改变了行星测绘这个行业。太空中的光学望远镜以及摄像机们为我们提供了令人惊叹的行星照片。除此以外，许多着陆探测器也为我们提供了火星、月球以及少量的金星表面的近景特征照片。火星上的探测器就好像是史前人类的绘图师，只能够慢慢跋涉，在它脚步所能丈量的范围内小心翼翼地收集起所有能收集到的细节信息。

现如今，我们可以像观察地球那样轻易地观察火星的部分表面，像好奇号这样的火星探测器会在火星表面拍摄各种照片并以光速将信息传回地球。下面这幅全景图展示的是火星上的盖尔陨石坑边的夏普山。

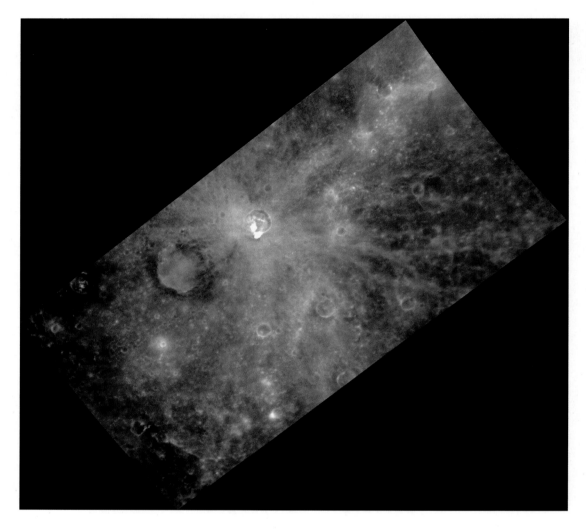

一张水星的反射率
图，高反射率区域显
示为白色，低反射率
区域则显示为黑色。

从光明与黑暗当中攫取信息

　　改进之后的望远镜首次显示了岩石行星以及月球表面明暗样式的不同。行星反射的光的亮度被称为反射率。在地球上，反射率最高的地方是极地冰盖，那里的反射光十分明亮，陆地次之，反射率最低的则是大海。在其他星球上，天文学家以反射率为参数来了解其地质结构，不过美中不足的在于反射率没办法单独揭示星球表面存在哪些化学物质。不过一般来说，富含碳元素的星球表面会变暗，而富含硅元素的表面会亮些。

天空中的"眼睛"

　　越来越多的科学技术随着太空旅行的发展而诞生。在这些技术当中，对于测量固体天体最有用的一种名为卫星测高技术，这项技术专门用于测量物体表面的"突起"有多大。具体方法就是一艘飞船绕着行星环绕，向行星表面释放雷达讯号并测量信号返回的时间。相关信号以光速传播，因此测量所需的时间很短，随后通过时间间隔来计算飞船到行星表面的距离。收集好信息之后计算机就会对来自星球整体的信息进行处理，并将测量结果转换成一张显示地表高度变化的地图，这就是目标星球的地形图，向我们展示了该星球的山脉、山谷、峡谷以及平原都坐落何处。

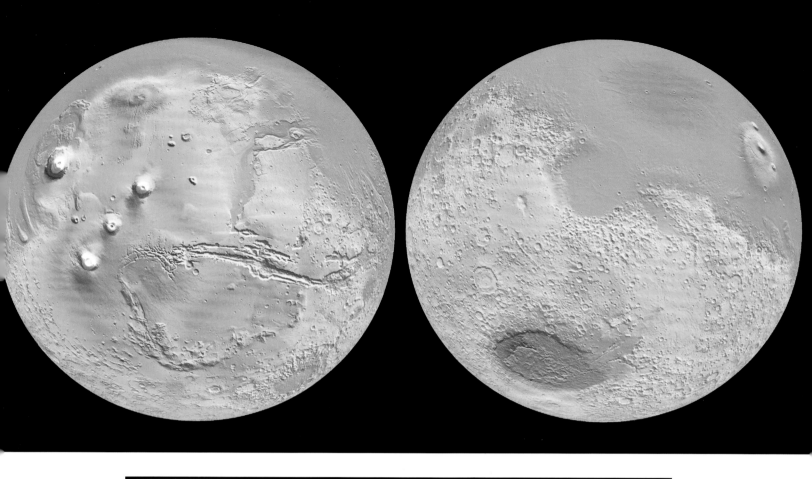

| -8 | -4 | 0 | 4 | 8 | 12 |

上图是一张火星的地形图，火星环球探测器测量了数百万个火星表面的点，从而绘制了这张图。

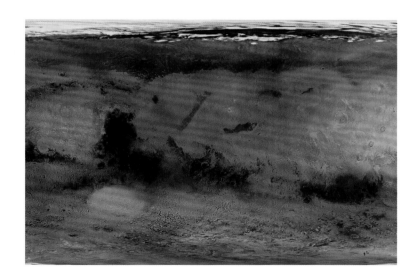

这张火星的马赛克照片由"海盗"宇宙飞行器于1980年所拍摄的100张照片拼接而成。

拼接图片

另一种绘制星球表面地图的方式就是拍摄多张马赛克图片进行拼接。这些图片同样都是由环绕星球运行的飞船拍摄而成。飞船运行时离星球表面越近，所能拍摄的图片分辨率当然也越高（每一个单元格所覆盖的区域范围越小，所能展示的细节当然也越多）。与各种不同的地图一样，一张马赛克照片同样也能以圆形或者是矩形方式呈现，不过将星球整体以任何平面形式呈现都会导致原图一定程度上的失真，比方说一张矩形的图片会把表示极点的一小片区域人为扩大一些，而圆形的地图则使地图的边缘地带产生一定程度的扭曲。因此只有三维星球仪才可以准确地描绘出星球表面到底是什么样子。

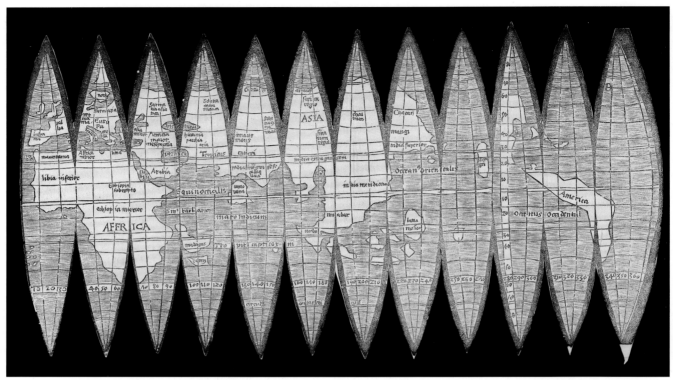

上图：马丁·瓦尔德泽米勒（Martin Waldseemüller）在1507年制作的平面世界地图，由12个布条构成。这是"America"（亚美利加）这个单词第一次在地图中出现（地图右方可见）。构成地图的布条数越少，整个地图展平之后就越容易进行阅读，不过相应的，其代表的每个区域的失真就越大。

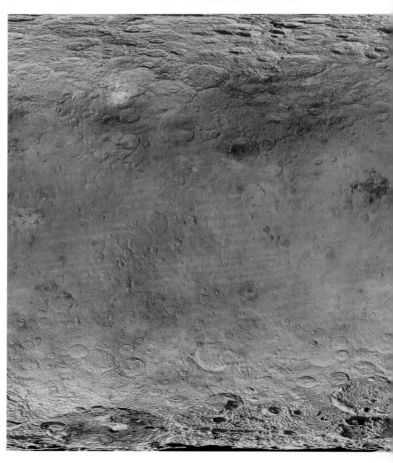

另一种制作星球表面地图的方法则是用布条包裹住球体来减少平面地图引起的失真。不过我们很难从这样的地图上了解到星球球体的表面大概是什么样子。

由色彩诠释

对于不同星球的表面，科学家一般是以增强色或者是假彩色（合成彩色）来表达不同的信息，比方说不同的化学成分或者是海拔高度。有时我们能看出来这些颜色不是行星表面呈现出的样子，不过从另一个角度来说，这样的颜色设定满足了我们（对科研）的期望。

这是1992年"麦哲伦"号金星探测器拍摄的一张照片，图中用深橙色显示了金星上一座活火山的放射性热辐射。

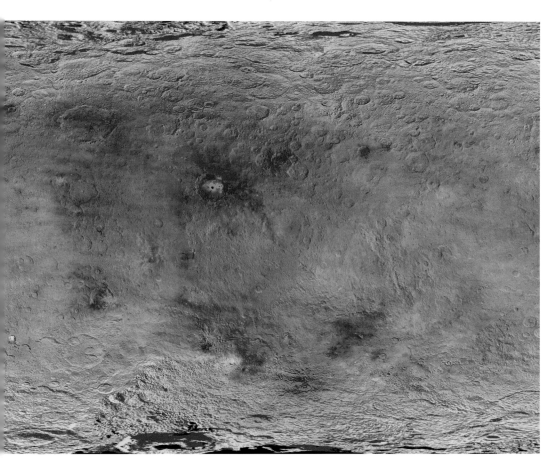

这张谷神星的地图投影使用伪色图（false colour）来表示地表的矿物成分以及这些成分随时间推移产生的变化。这张照片是NASA的"黎明号"宇宙飞船于2015年拍摄的。

水星

这张伪色图展示了水星表面的矿物成分。

　　地球表面的早期历史早已消失殆尽，但像水星这样的行星，其表面却记录下星球演变的历史，地球表面的岩石随着风化侵蚀和地质运动的洗礼早已变得大不相同，地球在十几亿年前被小行星撞击的证据已经被岁月抹平了。但在太阳系的其他星球上，这些痕迹依旧显而易见，这样的痕迹有助于我们拼凑起行星的历史。水星的表面就有很多的撞击坑，这些坑是由岩石体撞击星球表面所造成的，其中一些已经被火山活动所产生的熔岩部分或完全填满了。有时凝固的熔岩还会被再次到来的撞击形成新的坑洞。由于星球表面的大气层十分稀薄，加之星球地轴自传十分缓慢（水星需要59天），星球上的温度变得十分极端。在阳光充足的情况下，由于没有任何保护，星球表面的温度会变得很高，但是同样由于没有大气层保温，星球转到阴暗面时很快温度就降了下来。

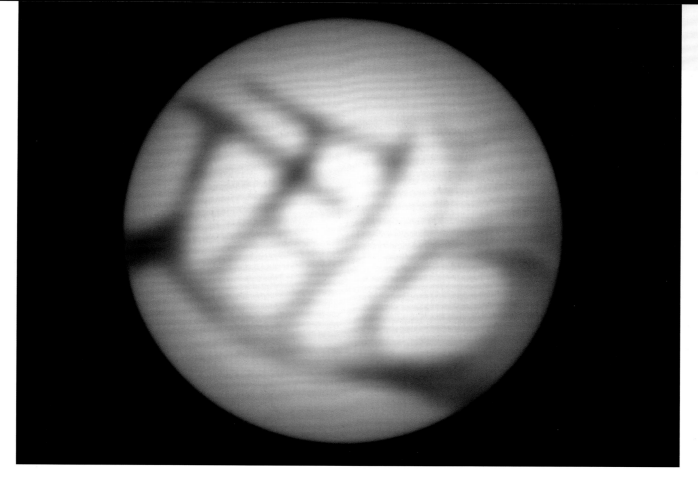

星球特征	水星
公转周期（地球年）	87.97天
自转周期（地球日）	59天
质量	地球质量×5.5%
半径	地球半径×38.74%
与太阳的平均距离	约5791万千米
卫星数量	0
发现时间	史前
探测器	水手10号（Mariner 10），NASA（美国国家航空航天局），1974 麦哲伦号（Magellan），NASA，2008 贝皮-哥伦布号（Beppi-Colombo），ESA（欧洲航天局）、JAXA（日本宇宙航空研究开发机构），发射于2018年，预计于2025年到达水星

难以捉摸的细节

　　水星总是离太阳很近，所以只有在一年的特定时间里，在日落后不久或者是黎明之前才能看得见，这使得对水星的观察变得十分困难。尽管意大利天文学家乔瓦尼·祖皮（Giovanni Zuppi）在1639年发现了水星与月球具有一样的盈亏，但是当时的他没有办法分辨任何水星表面的特征。事实上，直到1889年，另一位意大利人乔瓦尼·斯基亚帕雷利（Giovanni Schiaprelli）才终于绘制出水星表面的地貌，直到那时才有人能够做到观察水星表面，不过这些线条与水星表面的地貌只能非常粗略地对应起来。斯基亚帕雷利十分擅长找到那些星球上没办法直接观察到的行星线，他最知名的观测作品就是对火星的观测图（参见第76页），除此之外他还为水星设计了一套坐标系。美国天文学家珀西瓦尔·洛威尔（Percival Lowell）是一个热衷于搜寻斯基亚帕雷利行星线的人，通过观测他绘制了自己所能观测到的行星线图，并随后得出了结论：这些线条很像皱纹，其形成是因为行星表面冷却之后发生热胀冷缩、星球地表面积过大而皱缩导致的。水星表面的确有山脊，这也可能是星球表面的冷却所导致的，不过洛威尔没办法用他的望远镜直接观测到这些山脊的存在。

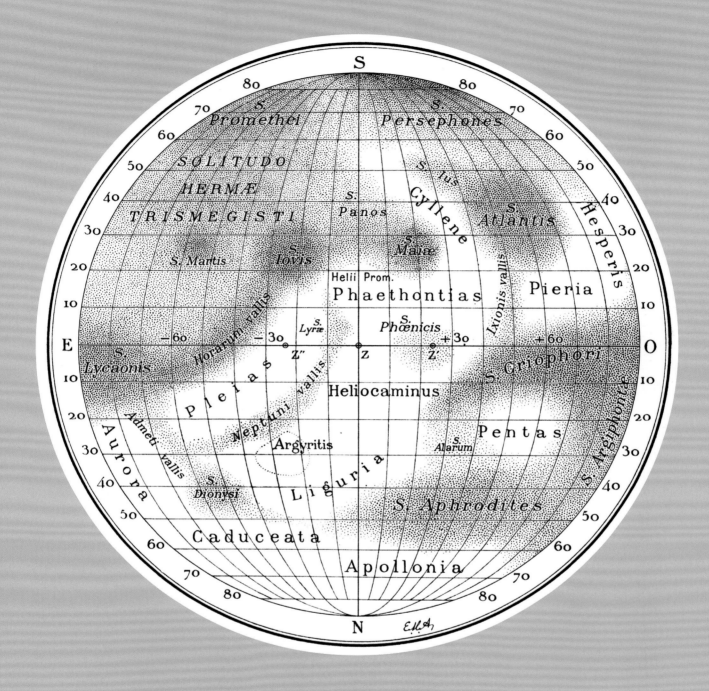

欧仁·米歇尔·安东尼亚第绘制的水星图，1934年

  第一张水星的地表地图由一位长住法国的希腊天文学家欧仁·米歇尔·安东尼亚第（Eugène Michael Antoniadi）于1934年绘制。他为自己在水星表面观测到的特征设计了一整套命名系统，该系统被日后设立于1973年的水星表面特征命名小组所采纳，从而奠定了他们的工作基础。不过，安东尼亚第的观测结果并不是完全准确的，因为他错误地假设水星被潮汐力锁定了（意思就是星球面向太阳的那一面总是相同的，换言之就是星球与太阳保持着相同的自转）。因为水星完成一次自转需要59天时间，所以他在观察的几天之内总能看到十分相似的画面，然而实际上整个水星表面都是可以受到太阳的照射的。

水手10号拍摄的水星照片，1974年

美国国家航空航天局（后文简称为NASA）于1973年的11月3日发射了水手10号探测器，其目标是为了探索水星以及金星的地表、大气层以及相关物理特性。这是NASA发射的第一艘探索内行星（绕日运行轨道在地球以内的行星）的飞船。水手10号在6个月的时间之内会经过水星3次，每次都会拍下行星表面的图片。由于每次飞行都只能看到水星的同一面，飞行器最终只拍到了大概45%的星球表面照片。除此之外，水手10号还测量了行星的磁场范围，以此得到了一个令人惊讶的结果，那就是水星的磁场与地球十分相似，不过自转要比地球慢很多。这张照片是由水手10号在距水星20万千米的高空拍摄的18张照片拼接而成的。水星的北极就在整张照片的顶部。

水手10号探测器，发射于1973年，飞经水星与金星。

信使号拍摄的水星地质图，2008—2009年

第二次，也是迄今为止最后一次人类发往水星的探测器是NASA的信使号探测器（调查目标是水星的地表情况、大气环境、星球的地质情况与相关测距工作）。它在2008年到2009年进行了3次连续观测。信使号探测了水星表面的化学成分、地质历史、地核的大小与状态、外大气层（星球外包裹的一层薄薄的大气）和星球磁场。这也是第一艘绕着水星飞行的飞船（见右图），它拍摄的图片足以覆盖星球表面的95%，同时这些照片的分辨率也比水手号拍摄的高很多，这提升了星图绘制的精确性。上面的伪色图显示了构成这块星球的岩石表面之间不同的化学、矿物学与物理特性。

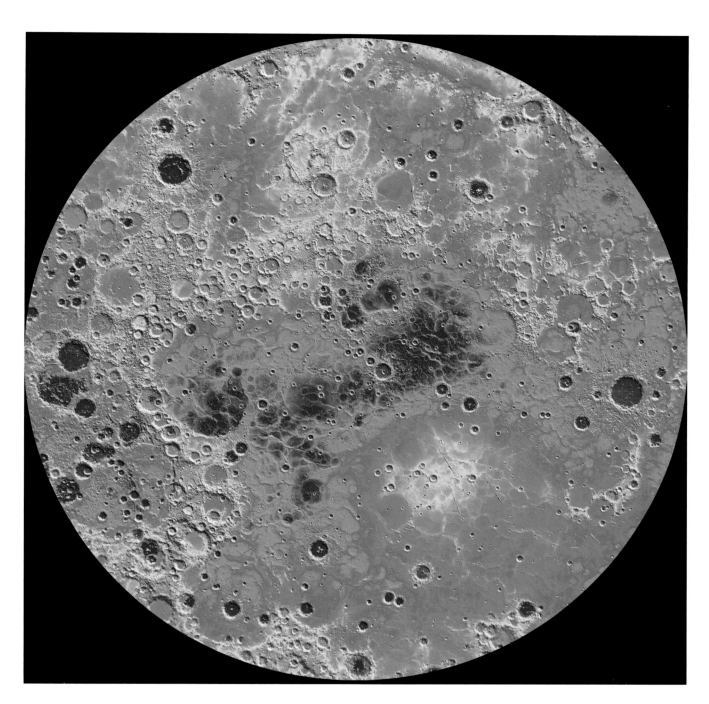

水星的地形图用红色为我们标出了星球的最高区域，用紫色标出了最低区域，最高处与最低处之间的高度差约为10千米（约6.2英里）。水星的北极被放在了上图的中心，照片显示北极旁边的深坑里可能有冰的存在。

信使号拍摄的水星地貌，2008—2015年

信使号的水星拍摄任务完成于2009年，它会在接下来的日子里继续发送信息回地球，直到2015年飞船燃料耗尽坠毁在水星表面。多年以来，信使号发送回的信息以及原始图片一直持续为人们带来对水星的全新认识。一些经过处理的图片使用不同的颜色为人们展示了水星的组成成分、海拔、水的存在以及其他相关特征。

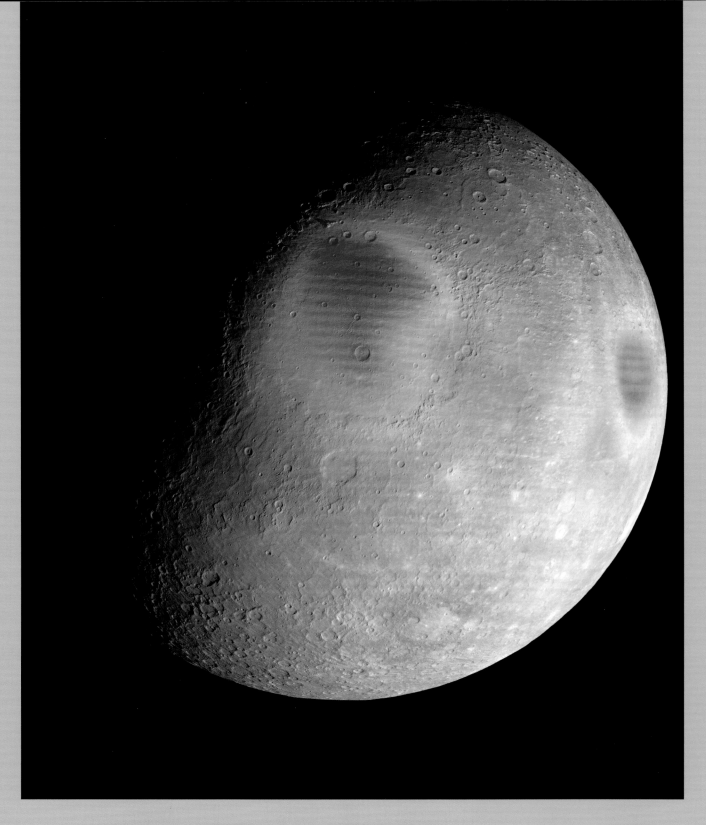

信使号拍摄的水星重力异常照片，2015年

通过这张照片显示的重力异常，我们得以了解到水星表面下的相关地质结构信息。红色区域（质量瘤）表示密度较大的物质所产生的质量集中。中间的大圈是卡里斯盆地（Caloris Basin），这也是水星表面上最大的坑洞，右边的红色区域是索库（Sobkou）地区。水星的北极是朝上的。

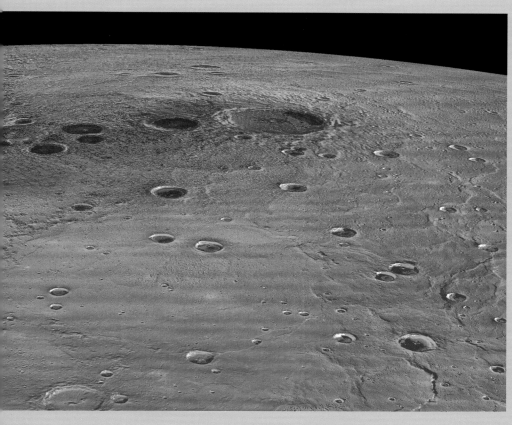

信使号拍摄的水星北极照片，2015年

　　这张水星北极的照片拍摄于2015年。整张图片被特殊颜色处理，用于展示星球表面的温度变化率，红色最热，紫色最冷，照片拍摄时整个区域正在被阳光照射。红色区域的温度超过100℃，有些坑洞里的区域永远都照不到太阳，那里的温度可以低至-220℃。一些坑洞里可能隐藏着冻结数十亿年的水冰。

信使号拍摄的水星地表压缩褶皱

　　来自信使号的图片为我们展示了水星表面悬崖状的"疤痕"（压缩褶皱），这些疤痕被认为是行星冷却收缩导致的结果。当内部收缩时，行星表面就会起皱，使表面能够契合内核的大小。

金星

　　金星表面有着厚厚的温室气体大气层，所以导致它虽然离太阳比较远，但是温度比水星高得多。虽然金星是宇宙飞行探测器所造访的第一颗行星，其实它在早年间几乎很少被人们观测到。就像水星一样，它只有在黎明或者黄昏的时候才能被观测到。第一次成功的金星探测任务是由NASA发射的水手2号探测器在1962年执行的，当时这个星际间探测器只是经过一次金星而已。不过该探测器也发回了一个惊人的信息：金星是一颗包裹在稠密大气里的炽热星球。在此之前，有些人曾期盼金星上的环境会比地球更好，毕竟它离太阳的距离比地球近多了。然而探测结果显示，金星上的天气可一点也不温和，地面的温度高达467℃（872℉），足以使铅熔化，同时大气层里95%的气体是二氧化碳，天上还飘着含有硫酸的云层，大气压力也是地球的75到100倍。金星和天王星是太阳系24颗行星中逆行自转的唯二行星（其他行星绕太阳运动时自转方向皆与公转方向相同）。科学家推测在金星形成的早期历史中遭遇了巨大撞击事件，导致其南北极呈现近180°的翻转。所以它的北极处于星球底部。星球的地轴倾斜程度很低（只有3°），所以没有明显的季节之分。不过与地球类似的一点在于，金星也有一颗金属地核、一个岩质地幔以及一个坚硬的地壳。

星球特征	金星
公转周期（地球年）	225天
1太阳日	117天
自转周期（地球日）	243天
质量	地球质量×0.815
半径	地球半径×0.95
与太阳的平均距离	约10821万千米
发现时间	史前

太阳日与恒星日

太阳日，是一颗星球绕其地轴运转一圈所需要的时间，每过一个太阳日，太阳就会出现在天空上的同一个位置。恒星日是一颗星球自转一周所需要的时间，知晓恒星日之后，行星相对于固定恒星的位置就会是相对恒定的了。由于金星的自转方向和绕太阳公转的方向相反而且自身的自转速度很慢，所以它的恒星日要比太阳日长得多。

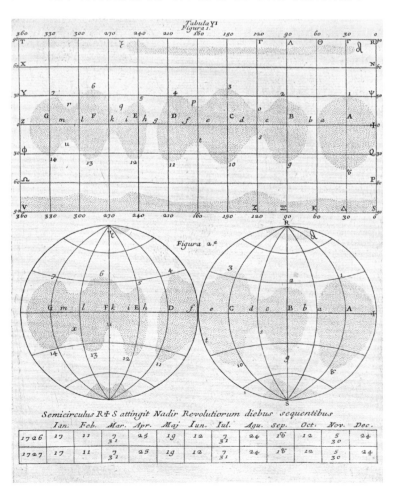

弗朗切斯科·比安齐尼绘制的金星图，1728年

由于金星被厚厚的云层所笼罩，使用光学望远镜无法分辨出星球表面的任何特征。不过一些早期的天文学家不知道这一点，他们认为自己可以观察到金星的地表特征。意大利科学家弗朗切斯科·比安齐尼（Francesco Bianchini）将星球上的光明与黑暗地区想象成了海洋与大陆。其他天文学家则声称自己看到了金星上的山脉，弗朗切斯科·丰塔纳（Francesco Fontana）认为自己观察到了金星的卫星。如果比安齐尼所观察到的光明与黑暗区域的确存在的话，那必定只是厚薄不同的云层造成的。

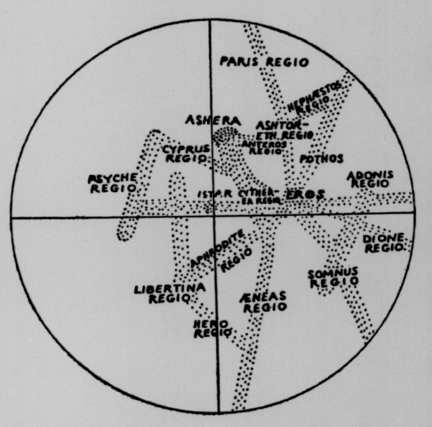

珀西瓦尔·洛威尔绘制的金星表面的线条，1896年

在比安齐尼绘制金星图的150年之后，珀西瓦尔·洛威尔看到了金星表面的线条，就好像他在水星上看到的一样，当时的其他天文学家都没看到过相似的东西。洛威尔曾在1902年短暂地撤回自己的声明，不过在之后的一年里依旧声称自己看到了金星表面存在的线条。事后科学家发现，原来洛威尔看到的金星地图是自己眼球里面的图景。由于金星离太阳太近了，洛威尔把61厘米（约24英寸）的望远镜孔径缩小到了7.6厘米（约3英寸），甚至更小。结果，在观察的过程中有一道光射进了他自己的眼睛，洛威尔看到的"线条"实际上是视网膜上血管的阴影叠加到了行星的图像上。

飞向金星

水手10号探测器在1974年2月靠近金星的时候拍到了金星的第一张照片（这里没有放上这张照片）。照片上显示星球表面厚厚的旋涡云遮住了星球表面。随后拍摄的紫外线图经过彩色增强处理更为清晰地显示了星球表面的大气效应。金星地表的云层绵延空中厚达70千米（约43.5英里）。2019年，在金星表面云层中发现的一条巨大条纹表明金星上也存在着跟地球一样的高空空气急流，虽然观测的次数不少，但是绘制金星的地图这一任务目前仍旧处在起始阶段。

金星9号与10号探测器拍摄的金星地表图，1976年

　　苏联发射的一系列金星号探测器往金星的大气层中投放了许多探测车。其中一些成功降落到了星球表面并且抢在金星恶劣的表面环境将其摧毁之前传回了相关数据。这些金星号探测器拍摄的照片是人类在其他星球上拍摄的第一组照片。金星本身也由于恶劣的环境让人们难以进行探测，探测车在火星上可以"存活"许多年，可以在星球表面拍照、挖掘样品以及记录信息，然而在金星表面没有任何探测器存活超过两个小时。这些探测器需要在炙热、强酸以及巨大的压力破坏自身之前收集然后传输所有信息。自20世纪80年代以来，就再也没有探测器得以登陆金星地表。

金星13号拍摄的第一张彩色金星地表照片，1982年

　　由于大气中的硫含量过高，整个金星的天空看起来都是昏黄的。星球上的岩石都是灰色或黑色的，不过透过云层黄色的光线使整个星球表面呈现出一种黄橙色的色调。在图像的底部我们可以看到探测器的一部分。

麦哲伦号用雷达探测到的金星地图，1990年

　　NASA在1990年发射的麦哲伦号探测器绕金星运行并执行任务。它的主要目标是利用雷达来绘制星球表面的地形图。由于金星表面厚厚的云层，对金星地表进行光学观测成了一项不可能完成的任务，不过好在雷达可以穿透云层，所以人们才能一窥究竟。完成这项任务花了4年的时间，每一个成像周期为243天——这是金星在麦哲伦号下方完成一次自转所需要的时间长度。最后我们得到了一张覆盖星球表面98%的地图，拍摄高度距地表30千米（约18.5英里）。这张图片清晰地显示了金星表面的不同特征——山丘、平原与山谷，图中明亮的区域代表了高海拔地段。科学家认为金星的地表距今有5亿年的历史，而地表85%的地貌特征是由熔岩冷却形成的。由于金星表面的温度比地球上高很多，所以熔岩能够在金星的地表流动更远的距离。虽然金星有自己的大气层，也有云和风，但是缺乏水分导致水星地表的天气变化十分缓慢。图中明亮的区域被命名为马克斯韦尔·蒙特斯（Maxwell Montes）区域，而北极则位于图片的中心地带。

麦哲伦号发送回来的地表细节信息

　　麦哲伦号发送回来的地形数据被用于制作金星表面结构的详细图像。尽管星球的表面被旋转的云层遮盖住了，由于雷达反馈而来的信息就相当于一张张图片，我们仍然能够通过雷达传递出来的信息绘制出星球表面的图像。

麦哲伦号拍摄的玛格丽特·米德陨石坑，1990年

　　金星表面已知的陨石撞击坑大概有1000个，玛格丽特·米德（Margaret Mead）陨石坑是其中最大的一个，直径约为275千米（约170英里）。它是一个多环陨石坑，最深处的陡坡才代表了星球最早期的坑洞。而较浅的撞击坑反馈回来的信息则表示，这个坑要么被撞击所产生的熔岩所淹没，要么就是被火山活动所喷出的熔岩淹没了。金星表面没有比水星或者月球上存在的陨石坑更小的坑洞，因为只有很大的陨石才能突破很厚的大气层降落到金星表面，较小的陨石都会在降落的过程当中燃烧殆尽。

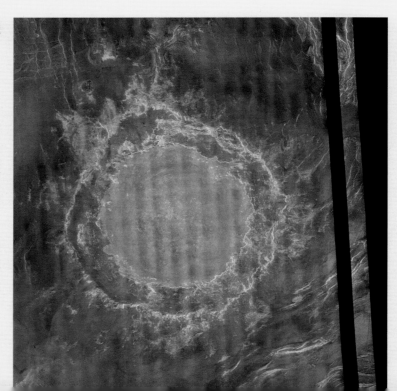

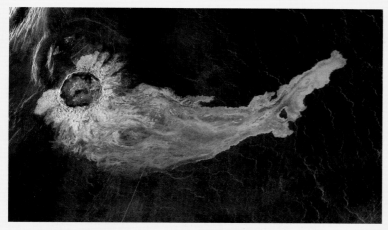

麦哲伦号拍摄的亚当斯陨石坑，1990年

在金星上的阿依诺平原（Aino Planitia）地带，亚当斯陨石坑（Addams Crater）向我们十分清晰地展示了整个星球的超高地表温度是如何让熔岩不受阻碍地进行长距离流动的。整个陨击坑直径90千米（约56英里），而上面的熔岩则绵延超过600千米（约373英里）。麦哲伦号在金星表面发现了数千座火山以及火山熔岩平原。

NASA拍摄的马特山，2004年

结合麦哲伦号收集的地形信息以及早期的金星号探测器（由苏联发射）拍摄的彩色影像资料，计算机成像技术得以绘制出金星地表马特山（Maat Mons）的三维视图，如果你有机会站在金星表面，就会看到这样的一幅场景。

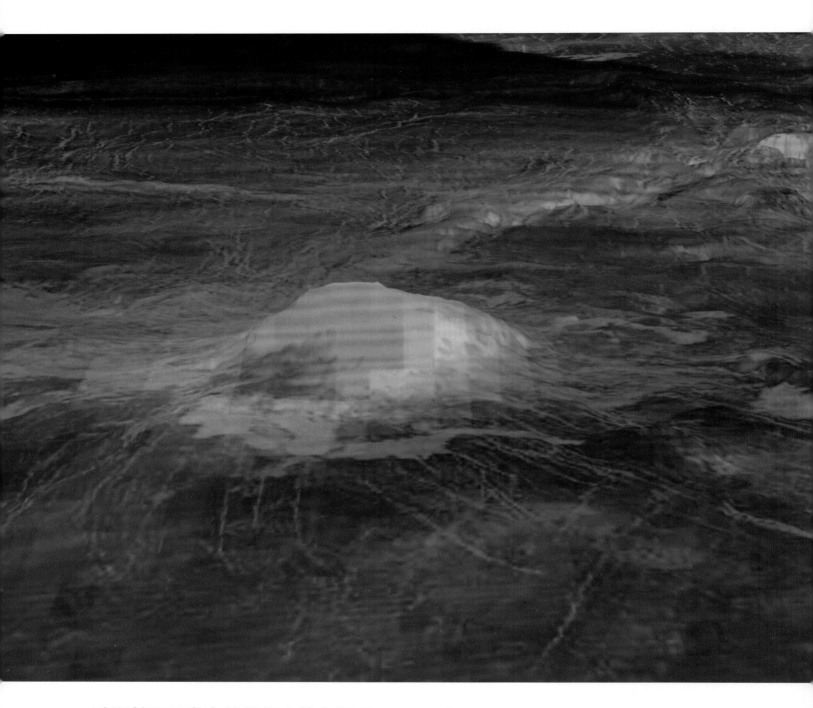

欧洲航天局发布的伊顿山热力景观，2010年

使用计算机将不同类型的数据组合在一起就生成了一张细节翔实的金星艾姆德尔地区（Imdr Regio）的伊顿山（Idunn Mons）地图。麦哲伦号反馈回来的雷达数据显示了粗糙（图中黑暗地带）与光滑（图中明亮地带）的地面，并且还同时显示了这些地面的高度，而叠加的彩色数据则是来自金星快车号（Venus Express）反馈回来的地表热量信息。通过温度信息我们了解到伊顿山是一座火山，不过单独通过两组信息中的其中一组都没办法判定这座山一定是火山，因为单凭热量信息我们无法获知该区域到底是火山还是裂谷，而单凭地形数据我们无法知道这到底是普通的山还是火山。

麦哲伦号拍摄的金星地形图，1994年

以下两幅金星半球的地图都是通过麦哲伦号收集的地形信息绘制的。而麦哲伦号没有覆盖到的区域都由地球上的阿雷西博射电望远镜（Arecibo telescope）、先锋号金星探测器（Pioneer spacecraft）以及苏联的金星号探测器所获取的信息填补上了。右边的地图以南极为中心，而下图中则显示了一条巨大的山脉。金星的低海拔地带大多被玄武岩所覆盖，而高海拔地区则被雪所覆盖。金属在更热的平原上蒸发，随后山上就会下起特有的"金属雪"。

金星快车号拍摄的金星表面云层图，2006年

　　欧洲航天局发射的金星快车号探测器于2006年抵达金星，并且对金星的探测工作持续到了2014年。其上搭载的成像设备可以在可见光以及红外线的条件下工作，同时配备了分析光谱的设备用来确认整个云层的成分构成。该探测器于2006年发现金星大气当中的二氧化硫含量急剧增加，而在地球上，只有火山爆发才会导致这样的情况出现，所以二氧化硫的急速增加代表着最近或者当下金星上有着十分剧烈的火山活动。随后探测器利用红外线探测来绘制金星南极周围的云层运动图，从而绘制了下图的旋涡状云层。云层在金星上空的运行速度很快，大概4天就可以绕金星一圈。

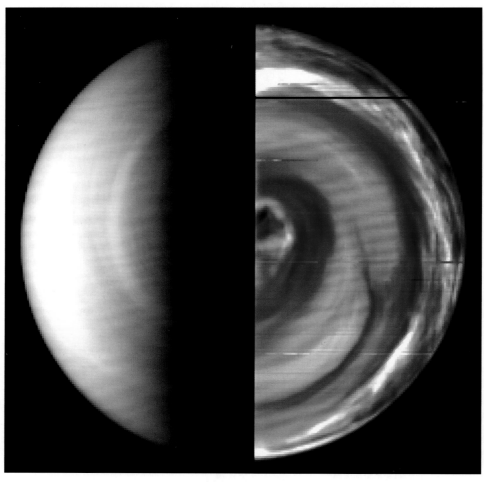

破晓号拍摄的金星图，2016年

当金星的赤道以6.52千米每小时的速度进行自转时，星球上的大气层顶端的风速高达300千米。日本的破晓号（Dawn）金星探测器就是为了研究金星的大气层，尤其是空气动力学而发射的。这些伪色图显示了金星上白天与夜晚（分别在右侧与下方）的颜色差异。夜景图片中较暗的区域代表了较厚的云层，而日景图片则揭示了金星上大气成分的差异。由于空气中充斥着二氧化硫，金星地表的云层当中充满了硫酸以及一种可以吸收紫外线的未知物质。这两张图片都显示金星的赤道地带风雨大作，而极地地区则平静祥和得多。

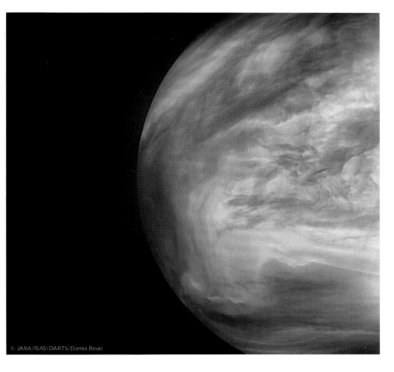

© JAXA/ISAS/DARTS/Damia Bouic

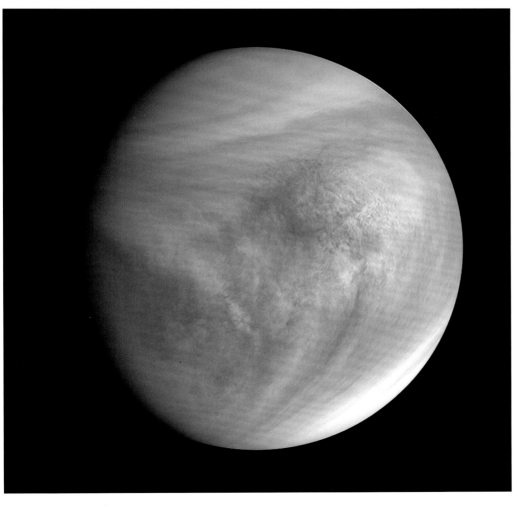

地球

　　地球对于我们而言肯定是见怪不怪了，毕竟我们人类生活在这颗星球上，不过它无疑是所有岩石行星中最为有趣的一颗。它由充满水的海洋、固态的陆地、极地的冰盖、充满云层的大气以及丰富的生命所构成。对任何太阳系的游客来说，地球无疑是最具研究意义的一颗行星。

从太空中拍摄的地球照片，在旋转的云层中我们可以看到北方以及美洲中部的陆地。

地球当然是所有星球当中研究最深入、地图绘制最广泛的星球。哪怕是地球上最难以接触的区域，我们也从空中、宇宙中进行了地图的拍摄与绘制，就像我们对其他星球做的那样。地球上海洋里的海床是用声呐进行探测与绘制的，绘制方式与我们对其他星球进行雷达测绘的方式相同。但是除了绘制地球的地质特征、重力、温度以及构成的图表，我们还可以绘制人类的居住区域和动植物的分布图。我们还可以将我们现如今绘制的地图与过去的地图进行对比，看看整个星球是如何变化的。

星球特征	地球
公转周期	365.26天
自转周期	23小时56分钟
与太阳的平均距离	约1.5亿千米

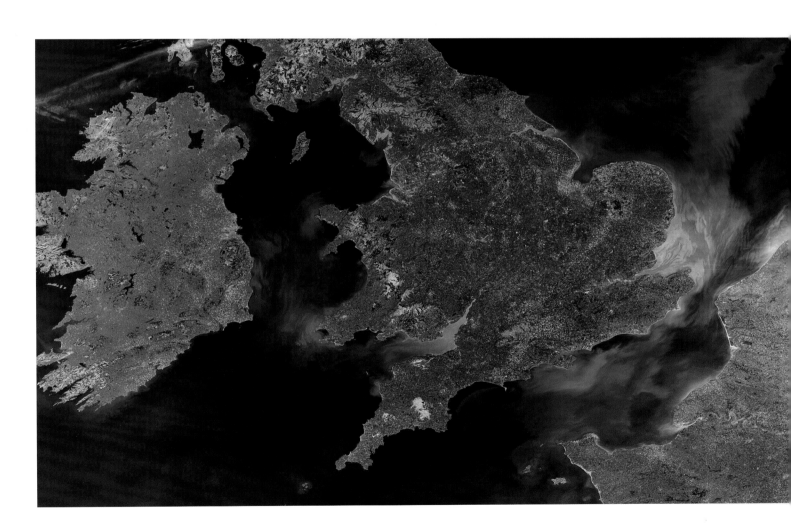

下图：已知最早的世界地图是在公元前6世纪巴比伦（古伊拉克）的一块黏土碑上绘制的。幼发拉底河自上而下（从北到南），河流的河口部分被标记为"沼泽"。被命名的区域与古代城市分别为亚述（Assyria）、苏萨（Susa）、乌拉图（Urartu）、哈班（Habban）、比提金（Bit-Yâkin，最早被迦勒底人占领的区域）和巴比伦（Babylon）。而所有已知区域都被一个标记为"苦河"的圆圈所包围，一般认为这个圆圈就是海洋。

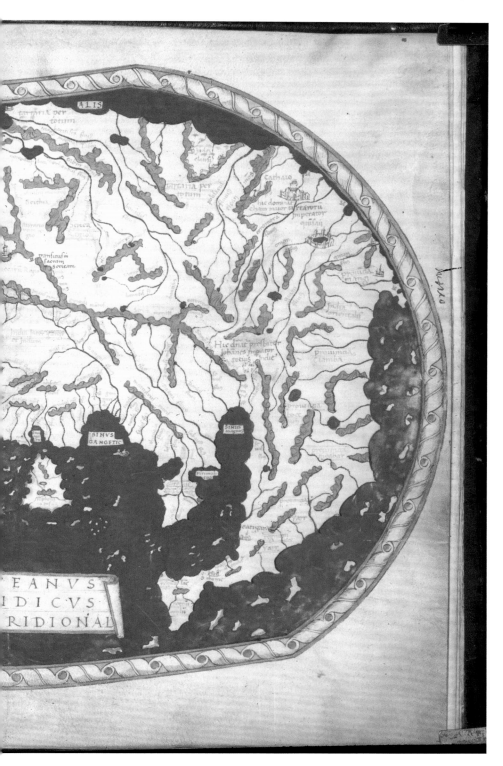

近看我们的故土

    最早的地球地图显示的都是很小的局部地区，毕竟在史前绘制地图的人们没办法了解到他们所处的整片大陆的概况。他们唯一能做的就是去到高地看看他们的定居点以及其他地标是怎么融入河流、山丘、山脉与森林当中去的。有船的人们当然还可以画出海岸线，当然以那时的条件想画出海岸线是很难的，也难怪早期人们画出的海岸线难以和真实的海岸线相匹配。从早期的地图里我们经常可以看出制图者们的认知极限在哪里，在地图的边缘总有些阴暗地带标识该区域仍属未知，这些地方一般会被标上"未知领域"（terra incognita）。在有些地图中，这些未知的海洋与陆地都会被标记并描绘人们臆想中的怪物。除此之外，一些制图师认为他们已经掌握了整个世界的全貌。

这张德国制图师亨里克斯·马提勒斯（Henricus Martellus）绘制于1490年的地图展示了当时的世界，上面未描绘出美洲和大洋洲。

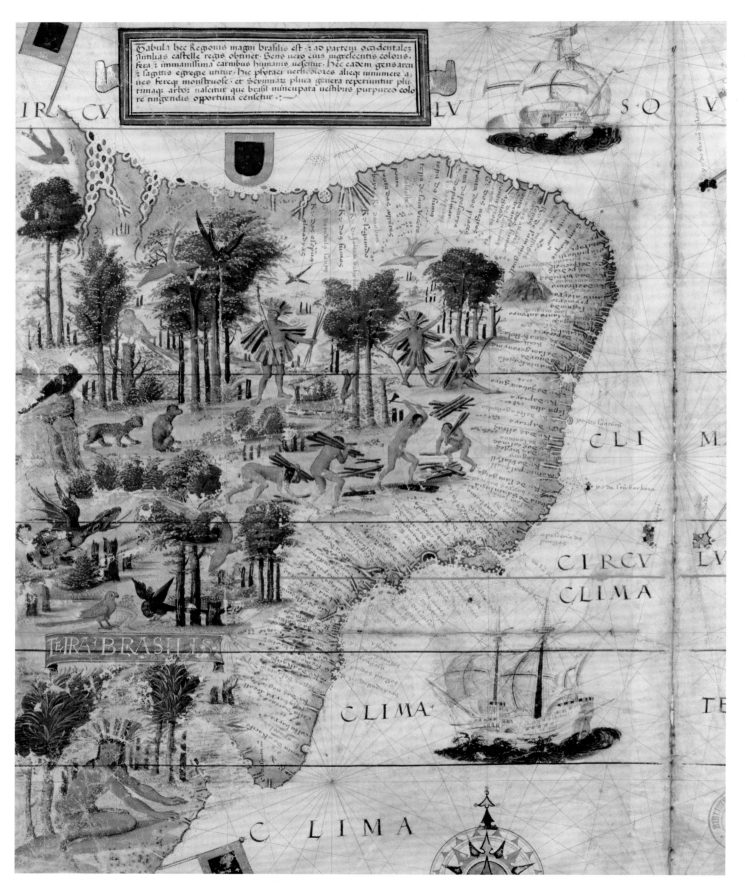

《米勒地图集》中的南美洲地图，森林、鸟兽以及当地的原住民都跃然纸上。

《米勒地图集》，1519年

　　16世纪与17世纪人类的探索扩张同时也伴随着世界版图的扩张。探险家与侵略者们带着热情承接下了严格的制图任务，毕竟想要了解与占领一片领土的话，绘制地图绝对是非常重要的一环。1519年，制图师父子老雷内尔（Pedro Reinel）与小雷内尔（Jorge Reinel），以及葡萄牙人洛波·奥梅姆共同绘制了著名的《米勒地图集》[Miller Atlas，也名为《洛波·奥梅姆-雷内里地图集》（Lopo Homem-Reineis Atlas），参见对页图与右图]。他们的地图向人们展示了当地区域的自然风光，同时还有许多地方是两位绘图师自己命名的，地图上的信息对定居者们以及航运有着十分巨大的作用。他们绘制的这张地图展示了整个南部大陆的风光，不过自古以来就有人质疑这张地图的准确性，但雷内尔父子两人也从未提供他们绘制地图信息来源的证据，地图信息到底是真是假当时也没有办法进行考证了。

雷内尔父子对于广袤的南美大陆美轮美奂的描述也有可能是为了向麦哲伦证明，他想进行的环球航行是不可能的一件事。

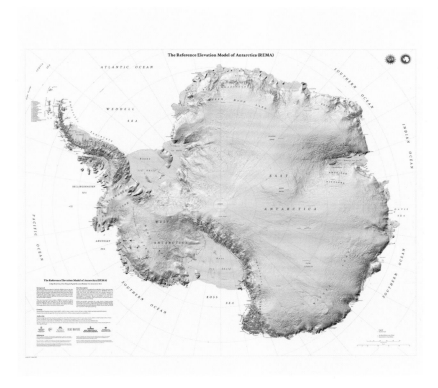

南极洲海拔参考图，2018年

　　传说中的南美大陆终于在1820年被证明确实存在。南极洲比早期的理论学者们猜想的要小得多，因为他们认为赤道以南的陆地应该和赤道以北的一样多。直到2018年，这块地域的地图绘制精度甚至还不及火星，不过自从《南极洲海拔参考图》（Reference Elevation Map of Antarctica，简称为REMA）完成后，它就一跃成了地球上地图绘制最精确的一块大陆。REMA是通过科学家测绘其他星球地图的技术完成的，其中就包括了2015年与2016年间卫星10次飞过南极洲大陆所拍摄下的图片。由于没有任何人类的定居点、森林以及河流，整个南极洲看起来很像月球或者是其他遥远的星球。

ATLANTIC OCEAN FLOOR

Produced in the Geographic Art Division
National Geographic Society
MELVIN M. PAYNE, PRESIDENT
for THE NATIONAL GEOGRAPHIC MAGAZINE
MELVILLE BELL GROSVENOR, EDITOR-IN-CHIEF FREDERICK G. VOSBURGH, EDITOR
WILLIAM N. PALMSTROM, CHIEF, GEOGRAPHIC ART DIVISION

萨普与海岑绘制的海底陆地图，1977年

　　一般来说我们都会认为大陆是地球上最重要的部分，但是它们覆盖的地表面积不到总面积的30%，地球的大部分地面是掩盖在水下的，不过人类直到20世纪中叶才有能力绘制海床的地图。现如今我们使用的是深海测量法来测量海床的轮廓，具体的方法是使用声呐让声音从海床上弹回，并测量声音返回所需要的时间来计算海底深度。这是一个十分缓慢的过程，人们需要穿过整片海洋来收取回声信息。随后，激光与卫星测高技术被发明出来并用于测绘其他星球的地图。1957年，第一张海底三维地图由玛丽·萨普（Marie Tharp）与布鲁斯·海岑（Bruce Heezen）绘制；到了1970年，世界上第一张海洋数字地图才被绘制出来。

这张南大西洋桑德斯岛东北部海床的详细图像显示了沉积物是如何从火山岛沿着海面下深处的峡谷流入大海的。红色的部分为浅海，紫色的部分是深海。这张地图是英国南极调查局于2010年绘制的。

对页图： 萨普和海岑于1977年绘制的地图，这张地图为我们展示了大西洋中部地区的海脊。这是一个巨大的水下山脉，它是在地壳的板块移动过程中由半液态的热岩浆从下往上泄露所形成的。

地表与地下

　　地球的地图有很多呈现的形式，其中包括了显示陆地地形的等高线图、显示大地构造的地质图以及显示地球磁场以及重力分布的磁力与重力图。自从1970年以来，板块构造理论为我们解释了大陆是如何坐落于整个地壳的巨大"板块"上的，而这些板块是由缓慢移动的岩浆（熔化的厚岩石）以十分缓慢而持续的方式移动的。火山喷发以及地震都是地壳运动的证明，亿万年间诸多大陆板块拼接形成超大陆而后又分崩离析四散开来。地球是唯一一个我们可以用时间顺序来描绘出不同地图的星球。

威廉·史密斯绘制的英格兰与威尔士地质图，1815年

　　威廉·史密斯（William Smith）于1815年绘制的英格兰与威尔士的地质图奠定了现代地质学的基础。由于工业革命的进程，人们对于煤炭的需求空前高涨，史密斯在当时就作为一名测量员来勘探煤炭矿藏，同时开始绘制不同类型与年代的岩石地质图。最终，他绘制了威尔士与英格兰全境的地质图。我们目前对于地球的地质活动（地壳构造以及大陆板块移动）的研究主要就是根据岩石的年代以及构成来进行。史密斯通过研究岩层中化石出现的规律，来推测这些岩石的年代。现如今，通过对岩石进行放射性同位素定年法测算已经成为了解其地质年代的一种更为精确的方法。

整个地球表面的地壳被分为了许多不同的板块，
它们都在流动的熔岩上缓慢移动。板块之间的边
界（地图上红色部分）也是地震与火山活动的多
发地点，而洋中脊就被包括在了其中。

安东尼奥·斯内德·佩莱格里尼展示大陆是如何拼接在一起的，1858年

早在板块运动广为人知之前，人们就
注意到了西非和南美的海岸是互相契合的。
安东尼奥·斯内德·佩莱格里尼（Antonio
Snider Pellegrini）在当时解释说，大陆是
由上帝创造的，而在创世后的第六天，整
个大陆被巨大的火山爆发所分隔开。

外星人眼中的地球

在人类的大部分历史中，我们唯一观察地球的方式几乎就只有近距离观测。不过随着动力强劲的飞船出现，人们终于得以从高空中观察整片大陆。不过就算在万里无云的晴空中从飞机上勘测，整个地平线也长达391千米（约243英里），就算飞得很高我们最多也只能看到美国的几个州或者是半个小国，没办法看到更远的景观了。要想像观察其他星球那样观察地球，就只有通过太空旅行才有可能。

阿波罗号拍摄的 "地球升起" 照片，1968年

这张地球从月球表面升起的照片是阿波罗8号（Apollo 8）机组人员于1968年拍摄的。起初是一张黑白照片，后于2018年重拍并增加了图片上的色彩。如果外星人离地球能像卫星一样近，那这就是它们所能看到的壮观景象。

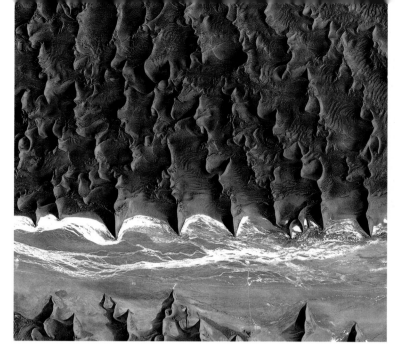

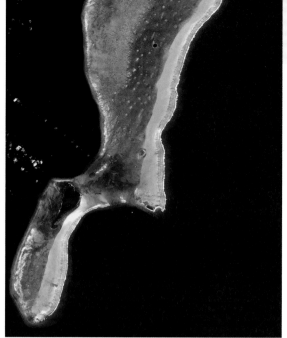

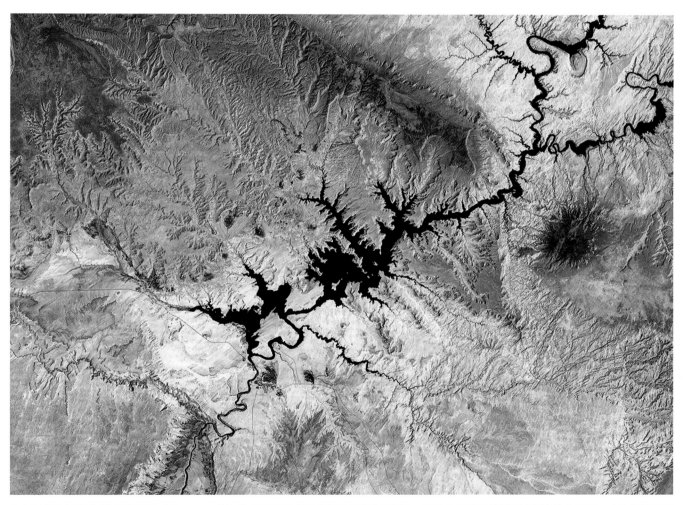

左上图是韩国发射的阿里郎2号（Kompsat-2）卫星于2012年拍摄的纳米布沙漠照片，蓝色的部分是特萨查布河干涸的河床，上面撒满了亮白色的盐层。右上角的图片则是伯利兹的灯塔环礁，由日本发射的ALOS卫星拍摄于2011年。当地十分有名的景点"大蓝洞"整体呈现为暗色圆形，在冰期的末尾，当地还没有被海水淹没时，这处景观就已经形成了。上图是美国科罗拉多河流经的鲍威尔湖，由美国的地球资源探测系列卫星——陆地卫星（Landsat）拍摄于2011年，整个地区全部呈现为伪色图。

这张由NASA发射的深空气候观测站（DSCOVR）卫星于2016年拍摄的图片记录了月球途经地球表面的过程。该卫星围绕着太阳运转，从距地150万千米（约93万英里）的高度进行观测。

地球的卫星

　　由于水星和金星都没有卫星，月亮就是离太阳最近的一颗卫星了。月球的形成有可能是距今45亿年前一颗与火星差不多大小的行星撞击地球所导致的。因撞击而熔化的星球与地球土地的碎片形成了一团巨大的云状碎片随后结合在一起形成了月球。月球的成分也因此与地球十分相似。

暴风雨来临

　　在太阳系的初期阶段，岩石和冰经常与内行星及其卫星发生碰撞，这些岩石与冰块都来自其他行星形成过程当中产生的碎屑。一种理论认为，大约在距今41亿至38亿年的后期重轰炸期（Late Heavy Bombardment，简称LHB，大量小行星撞击的地质时期），在宇宙初期的混乱时期结束之后，内行星被石块与冰块无情地狂轰，形成了对页图所示的这些陨石坑。不过对LHB的推断还远没办法下定论。从月球表面

的陨石坑我们可以看到星球自形成以来所受到的剧烈撞击，这些碰撞在一开始可能很激烈，不过后来随着环境的稳定，撞击也逐渐减少了。地球当然也曾遭到类似的袭击，不过在水力侵蚀、风化作用以及板块运动的作用下，相关痕迹已经被抹除了。在月球上几乎没有风化作用，也没有移动的板块，陨石坑一个接着一个，累积了数十亿年。

1969年阿波罗11号拍摄的位于月球远端的代达罗斯环形山月球撞击坑（Crater Daedalus）。该陨石坑直径达80千米（约50英里），四周遍布更小的陨石坑，这是其他更小的撞击留下的证据。

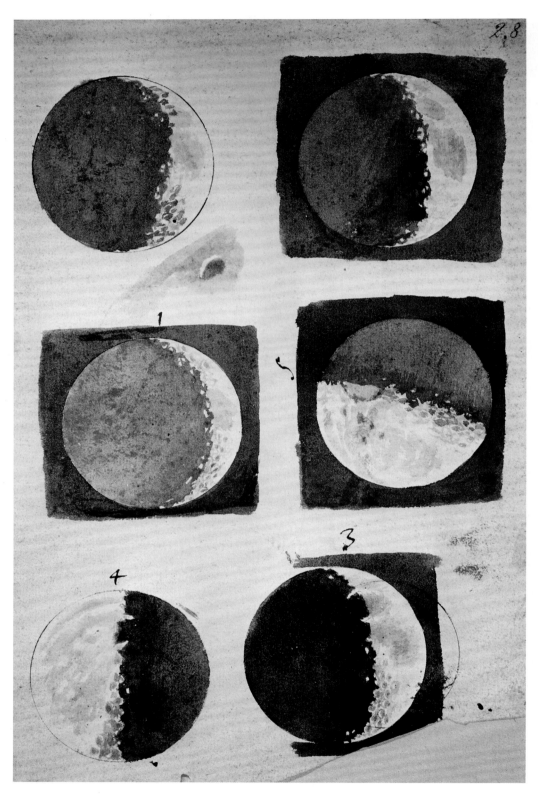

伽利略将"不完美的月亮"带入大众视野，1609年

尽管月球上有着十分清晰的地表特征，但是在望远镜发明之前，人们对于这些特征知之甚少。在西方，人们普遍认为天堂是完美而又和谐统一的，月球上的暗斑则经常被解释为密度不同的区域反射不同的光。这样的想法让这些暗斑变成了微不足道的东西，不值得大书特书，更不值得绘制在地图上（不过现代天文学家则重拾了对月球重力的兴趣，通过观测月球不同部分的密度变化，人们绘制了月球的重力图）。不过随着望远镜的出现，这样的想法开始站不住脚了，伽利略通过望远镜绘制了一些最初的月球表面的草图，在当时他敢于将那些特征称为月球表面的山脉、山谷以及地凹，就好像我们在地球上也能发现的那些地貌特征一样。随着太阳光照射在月亮的一面，另一面当然就会陷入阴影当中。这样的理论在当时很有挑衅性，因为它与当时的逻辑"上帝创造出的是完美的星球表面"相悖。随后一些基督教徒开始研究伽利略的理论，他们认为伽利略是错误的，月球的表面是完全平坦的。

弗朗切斯科·丰塔纳绘制的月相图，1646年

　　意大利天文学家弗朗切斯科·丰塔纳是一位望远镜制造者，他也是第一个使用凹透镜的人，随后他绘制了历史上一张十分精确的月球表面图。他绘制的月球表面图开始在欧洲各地发行，不过没有人承认他作为这些图的作者身份。这些图的成功促使他在1646年出版了一本基于他本人观测结果写就的著作——《新编天体及其地面观测》（*New Celestial and Terrestrial Observations*），其中包括他的一些早期绘画作品和第一份精准的月球地图集，该图集通过27张图片展示了月相的变幻。

左边这张图中的望远镜从细节看几乎可以肯定是丰塔纳制作的，因为他是当时唯一一个可以制造出这种银望远镜的人。

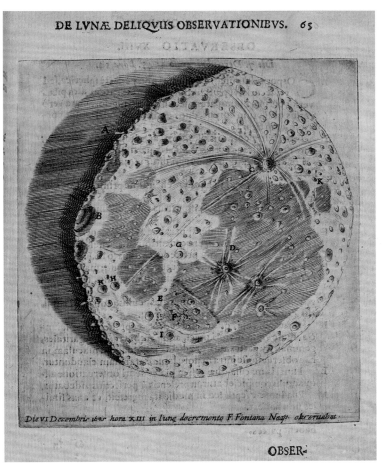

左下图是丰塔纳于1629年绘制的月球图，右下图则是一张由阿波罗11号拍摄的月球照片，两张图中月球的南部都位于照片的上方。

克劳德·梅兰绘制的月球图，1635年

在伽利略绘制月球草图的不到30年之后，天文学家皮埃尔·伽森狄（Pierre Gassendi）与人文主义学者尼古拉斯·克劳德·法布里·德·佩雷斯克（Nicolas Claude Fabri de Peiresc）委托法国的雕刻家克劳德·梅兰（Claude Mellan）制作了3幅月球的雕版。这些图像的制成也充分展示了望远镜技术的进步，以及天文学家对月球表面观测细节与精度的极大提升。在这些雕版中，相对较新的陨石坑中明亮的辐射纹全部清晰可见，这也是伽利略当时无法观测到的东西。右图为我们展示的是满月时的图景。

范·朗伦为月球特征命名，1645年

荷兰天文学家兼绘图师迈米迦勒·弗洛伦特·范·朗伦（Michel Florent van Langren）当时十分热衷于绘制真正精确的月球地图，他这么做的一个关键原因是为了帮助当时的水手导航，让他们得以在所有情况下都可以精准地测量经度（不过要完成这样的壮举至少需要30张不同的月球图，他当时并没能完成这么巨大的工作量）。由于在当时并没有给地球之外的地方命名的先例，范·朗伦得以自主为月球上的特征命名，绝大部分特征被他以西班牙皇室与天主教圣徒命名。不过在西班牙之外，这些名字在新教徒那里并不受欢迎，很快就没落了。除去这些和宗教有关的名字，范·朗伦以天文学家、数学家和其他知识分子命名的月球特征倒是流传了下来。

约翰·赫维留发表的巨著《月图》，1657年

波兰天文学家约翰·赫维留（Johannes Hevelius）是17世纪另一位给月球特征命名的人。他所出版的《月图》（*Selenographia*）使用了一套十分一致的命名方式，所有的高地都被命名为mons（山峰），而低洼地带则统一被命名为mare（海洋），而那些只能通过望远镜才能看到的小坑则被专门命名。他总共命名了月球上的268个特征，其中的10个名字保留至今。

J.W.德雷珀拍摄的月面图，1840年

随着时间的推移，月球被越来越精准地绘制出来，但1827年摄影技术的出现标志着另一个纪元的开始。不过在这之后的几十年里，摄影技术才被有效地应用于拍摄月球照片，照片当然要比任何绘图师绘制的图片精确。美国天文学家J.W.德雷珀（J.W.Draper）于1839年拍摄了自己的第一张月面图，下面这张更好的照片则拍摄于1840年。

德雷珀于1839年拍摄的月面图使用了法国摄影师路易·达盖尔（Louis Daguerre）发明的达盖尔摄影法。

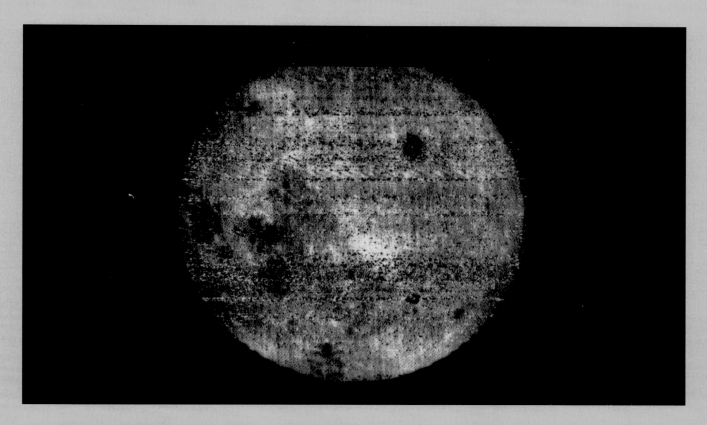

NASA拍摄的月球背面图，2009年

在1959年前，还没人见过月球的背面是什么样子的，这主要是因为月球受潮汐力的牵引，朝向地球的始终是同一面。苏联于1959年发射的月球3号（Luna 3）绕月探测器首次将月球背面的照片传输到了人们手里，随着月球背面的神秘面纱被揭开，我们也很快就看到了许多有趣的地方。月球的背面被十分剧烈地撞击过，不过所能留下的马利亚地形（Maria）并不多，巨大的黑色玄武岩占据了月球正面近乎三分之一的总面积。左边的地图由NASA在2009年发射的月球轨道勘测器收集的数据生成，为我们展示了一派"满目疮痍"的月球表面景象。

上图： 人类在1959年第一次看到的月球背面图。

下图： 2009年收集的月球背面数据图。右上角的黑点是月球背面仅有的几处马利亚地形之一，莫斯科海（Mare Moscoviense）。

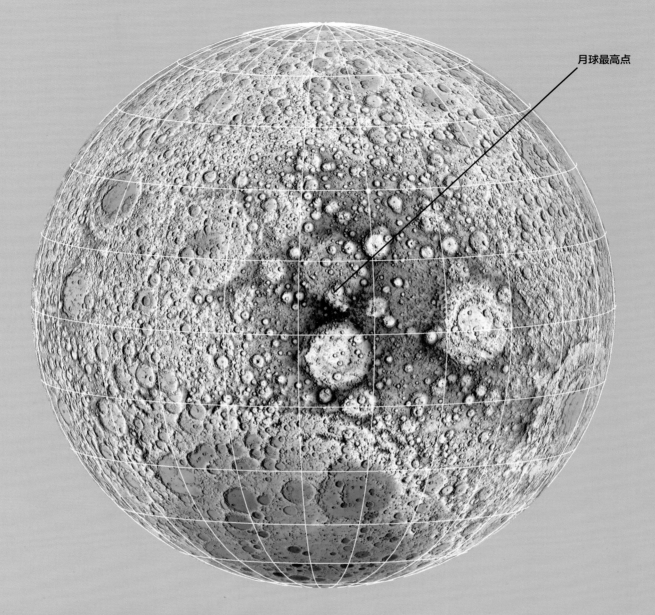

月球最高点

美国地质勘探局绘制的月球地形图，2015年

　　美国地质勘探局（USGS）编绘的月球地形图使用了NASA发射的月球轨道勘测器（LRO）于2009年至2013年收集的65亿份数据。月球轨道勘测器的使命就是绘制出比以往都详细的月球表面地图。它使用超高的分辨率拍摄图片并且反馈回了地形、地表粗糙度、坡度以及其他地表特征的详细信息。探测器还有一个任务就是确定月球表面适合着陆的地点并提供相应数据，为今后的任务提供便利。

右图： 月球的东方海（Mare Orientale，也称东海盆地）处在图片的左侧，这是一个巨大的陨石坑，坑洞的一部分被熔岩所淹没。整个陨石坑宽达950千米（约600英里），围绕着坑洞的同心圆是由月球的撞击所产生的地壳波动造成的。

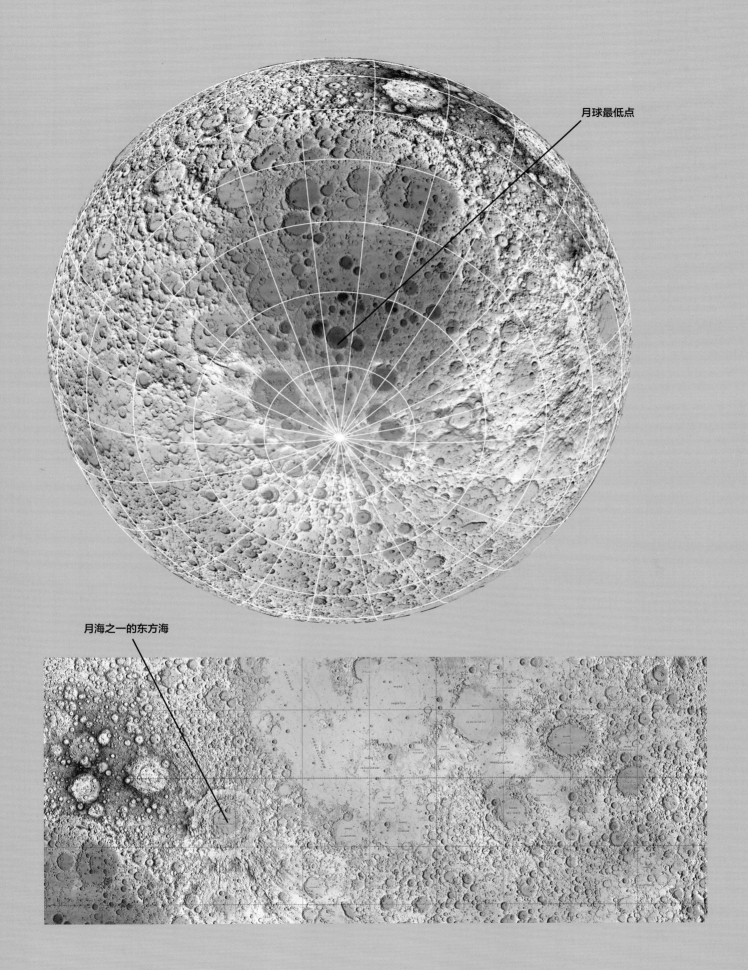

月球最低点

月海之一的东方海

NASA发布的月球重力轮廓分布，2012年

    NASA所创立的重力回溯与内部结构实验室（GRAIL）任务由两颗双子卫星GRAIL A（Ebb，退潮）和GRAIL B（Flow，涨潮）执行，这两颗卫星在绕月飞行的过程中利用微波辐射绘制月球重力图。重力场的强度在月球表面上各有不同，它不只取决于指定点到地核的距离大小，还取决于地下岩石的组成成分。在移除了地表拓扑结构的影响之后，这些重力图所表示的就只有地下岩石的密度大小。通过这些重力图我们了解到尽管月球的背面有着更多的可见陨石坑，但是实际上月球正面与背面被陨石轰击的程度是一致的。月球的正面温度更高、地壳更薄，科学家分析认为是正面能够产生热量的放射性元素比例更高。而更高的温度则意味着，如果一颗陨石撞击月球正面，相比起撞击月球背面，撞击正面所能形成的陨石坑会更大。不过由于这些陨石坑被撞击后就充满了火山熔岩，现在这些熔岩都已经硬化了，导致陨石坑的底部变得难以观测。

    在2019年，科学家通过分析重力图发现月球南极的艾特肯盆地（Aitken Basin）底下的一个强重力区域（上图中间图里那个红色大圆圈）里隐藏了一颗镶嵌在地表下的致密流星。

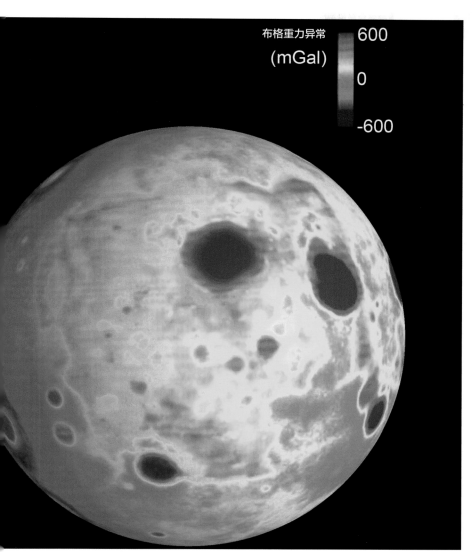

布格重力异常
(mGal)

600

0

-600

月球表面的风暴海区域重力分布图

这张NASA与其他航天机构所拍摄的月球正面图将重力数据（蓝色）叠加到了月球轨道勘测器生成的地形图上。图中深蓝色的线条表示远古时期月球上的裂谷被熔岩所淹没，现在埋藏在火山熔岩平原下方。

克莱门特号拍摄的月球构造图，1994年

克莱门特号（Clementine）探测器发射于1994年，它耗时2个月拍摄了11种不同波长的月球地图，从而收集了有关月球地形、重力以及化学成分的有关数据。这张地图显示了月球表面铁元素的分布。在月球背面南极区域的艾特肯盆地，同时也是太阳系当中最大的陨石坑当中，我们发现了极高的铁元素含量（灰色区域没有进行地图绘制），这是因为在艾特肯盆地，表层的地壳被一颗流行撞出了星球，从而暴露了底层的铁元素。通过探测器拍摄的地图我们得知，月球上的岩石随着深度的增加而变得更富含铁元素与镁元素。

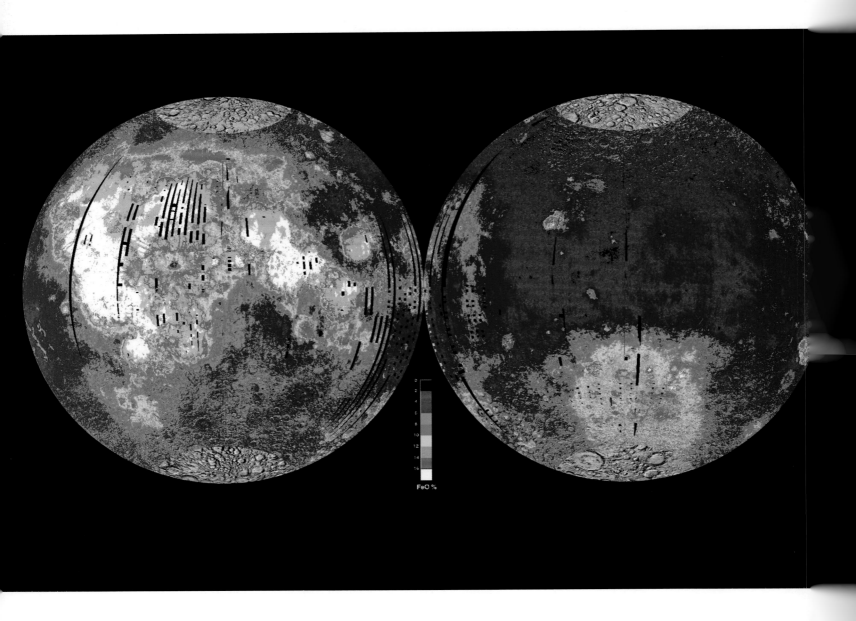

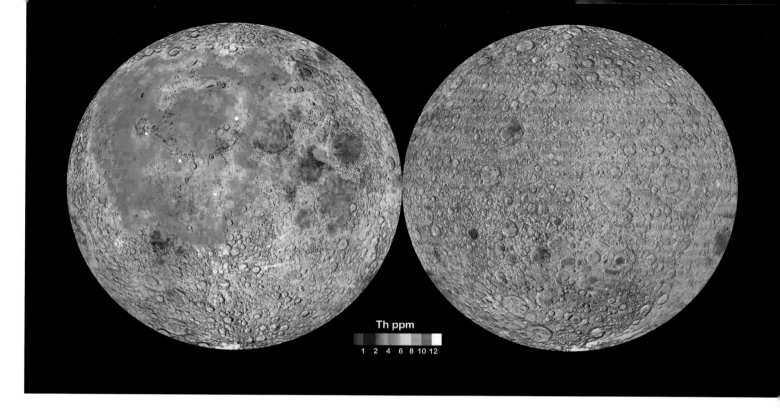

月球勘探者号拍摄的星球表面钍浓度图，2006年

　　NASA发射的月球勘探者号（Lunar Prospector）于1998—1999年间收集了一些包括铀和钍的重要元素在月球地壳中的分布数据。在月球熔化又凝固定型的过程中，这些元素在所有元素中最后一步凝固。在勘探任务前，科学家以为钍会在月球表面均匀分布，可是勘探后发现这种元素大量集中在雨海盆地（Imbrium Basin）与风暴海（Oceanus Procellarum）区域，在南极的艾特肯盆地也少有分布。这种反常的现象尚未得到合理解释。

美国地质局勘定的登月点

　　美国国家航空航天局（NASA）、俄罗斯联邦航天局（RKA，原为俄罗斯航空航天局）以及中国国家航天局（CNSA）都曾多次造访月球，这意味着月球地表现在有了一些自然地势之外的登陆点。登陆到月球上的探测器以及各种装备基本上都还留在月球上，一些飞船的残骸甚至还被人为地撞毁在月球表面，这样一来了解这些着陆点对于今后的着陆与勘测变得十分重要。月球上缺乏流动的大气层以及水资源，这也意味着除非被流星或者其他航天器撞毁，否则留在月球上的残骸将会残存数百万年甚至上亿年。

火星

自19世纪以来，火星一直凝聚着人们对于移居外星的想象，作为我们在太阳系中最近的邻居，火星地表河流的存在暗示着这颗星球上可能存在着智慧生命。有其他生命共享着我们的太阳系，这样的可能性让我们既着迷，又恐惧。火星人已经成

1980年，由NASA的海盗1号轨道飞行器拍摄的火星图。

了许多科幻小说的素材来源，直到目前为止，人们还没有排除火星上存在或者存在过微生物的可能。在19世纪，人们深信火星是地球的孪生星球，法国天文学家、作家卡米尔·弗拉马里恩（Camille Flammarion）在1896年写道："火星与我们地球非常相似，如果有一天我们能够去到火星旅行然后忘记了回家的路，那我们很有可能分不清那一颗星球才是我们的原生星球。要不是有月球的存在，我们真的很有可能会搞混。火星自古以来就被人称为'红色的星球'，甚至在望远镜发明之前也是如此，火星表面之所以呈现红色是由于星球表面充满了红色的氧化铁（铁锈）。现如今火星上是一个寒冷而又干燥的世界，这颗星球过去好像有过水的存在，不过现如今都聚集在冰以及云层里，漂浮在稀薄的二氧化碳大气层里。"

星球特征	火星
公转周期	687天
自转周期	24小时37分钟
质量	地球质量×0.107
半径	地球半径×0.532
与太阳的平均距离	约2.28亿千米
发现时间	史前

靠近火星赤道的一个长达42千米（约26英里）的陨石坑，坐落在巨大的斯基亚帕雷利陨击坑（Schiaparelli crater）的边缘。

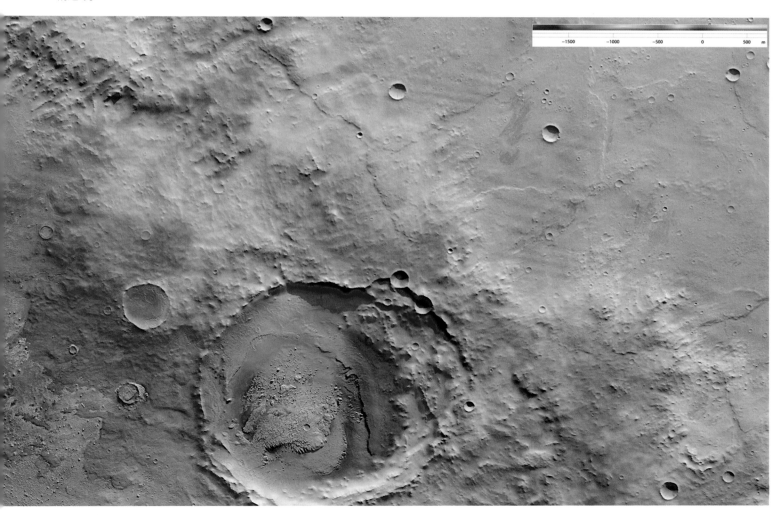

聚焦火星

伽利略第一次使用望远镜观察火星的时候，以当时的条件看不出任何的地表特征，随后就算使用更高级的望远镜观察，也分辨不出什么细节来。丰塔纳于1636年绘制的第一张火星草图上几乎没有任何可供辨认的星球地表特征，随后直到1659年惠更斯才发现了一块阴影区域（参见第20页）。英国博物学家罗伯特·胡克（Robert Hooke）和意大利天文学家乔瓦尼·卡西尼（Giovanni Cassini）随后在1666年又重新绘制了这颗行星的草图，发现了更多的阴影变化，卡西尼在那年似乎观察到了火星的极地冰盖。

不同于月球总是用"同一张脸"面朝着我们，火星通过不停地旋转让我们看到了星球的各个部分。由于火星日只比地球日稍长（多37分钟），天文学家在每天的同一时刻观察这一颗星球时，会发现观测到的地表面貌在缓慢地发生改变。

上图： 卡西尼绘制的火星地表草图为我们展示出了他所能分辨出的地表变化。

下图： 开普勒绘制的火星轨道图。

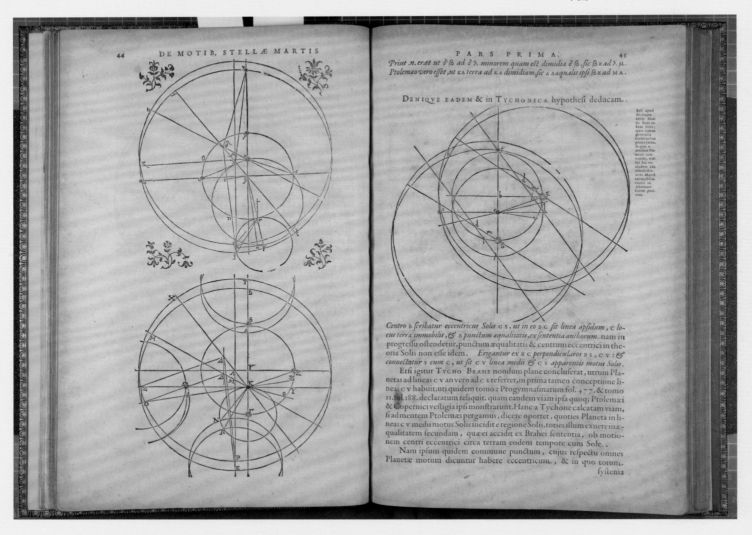

测量火星

　　虽然天文学家对于行星之间的距离有着相当程度的了解，可是他们当时还没办法判定绝对距离是多少。不过随后这样的情况被卡西尼彻底改变，当时卡西尼求助于同伴、天文学家让·里歇尔（Jean Richer）帮助测量火星的视差，卡西尼在巴黎进行观测，而让·里歇尔前往法属新几内亚。通过比对火星与其他行星所处的相对位置，卡西尼最终计算出了地球与火星之间的距离。他得到的结果是1.4亿千米，只比现如今科学计算出的1.5亿千米少7%。

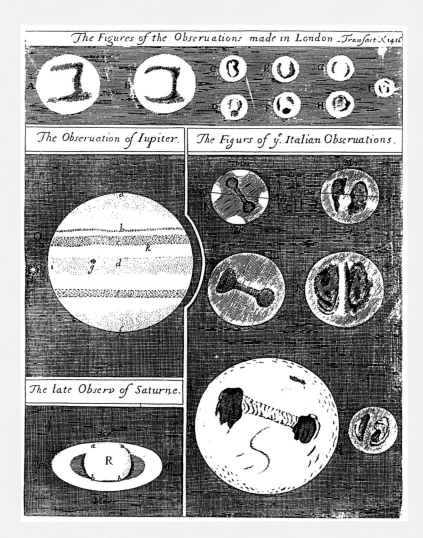

右图： 卡西尼绘制的火星地表图。他是第一个观测到火星极地冰盖的天文学家。他使用自己观测到的火星地表图来测量火星的轨道周期，发现火星上的一天有24小时40分钟，这跟正确值只差了3分钟。

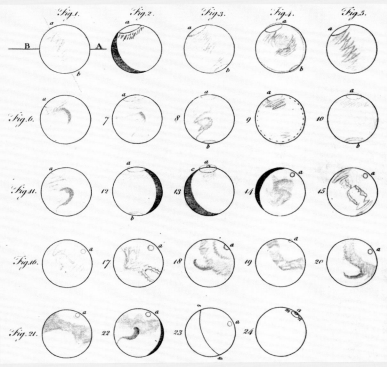

右图： 早期天文学家使用望远镜时的另一个问题在于：火星有的时候离地球很远，当火星太远的时候星球表面的细节是观测不到的。威廉·赫谢尔（William Herschel）在1783年绘制的草图中观测到的地表阴影通常是极地冰盖。

约翰·马德勒与威廉·比尔绘制的火星图，1840年

　　1831年，德国天文学家约翰·马德勒（Johann Mädler）与威廉·比尔（Wilhelm Beer）绘制了第一张真实度极高的火星地图，很快他们又绘制了其他星球的地图。这两位天文学家绘制了他们认为可能存在的火星地表永久性地貌（不是观测到的云层或者大气现象），同时还构建出了一个至今仍在使用的火星全球性坐标系。尽管他们绘制的地图基本上仍旧是光影图案，但是这些光影图案至今仍然可以被人们识别并观察。

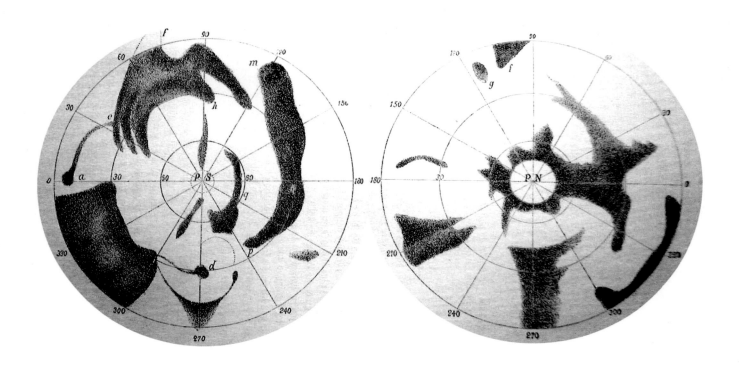

英国天文学家理查德·普罗克特（Richard Proctor）绘制的火星大陆图，1867年

　　英国天文学家理查德·普罗克特（Richard Proctor）使用另外一位天文学家威廉·道斯（William Dawes）绘制的27幅火星地图改进了这颗星球的地图（见对页上图）。普罗克特假设星图上较为黑暗的区域都是海洋，而比较明亮的区域是陆地，并且认定火星两极都覆盖着极地冰盖。同时他还以之前观测过火星的天文学家的名字给他所观测到的火星地貌命名，比方说卡西尼（Cassini）、赫谢尔（Herschel）、比尔（Beer）与道斯（Dawes）。普罗克特本人也考虑过火星的宜居性，同时他对于火星"大陆"的描述也进一步推动了这一观点，他认为如果火星不适宜人类居住的话，那这颗星球的存在对于人类来说就毫无意义，他在自己的著作《我们之外的其他世界》（Other Worlds Than Ours）中写道："我们对于火星观测的进程在我看来完全是一种浪费，我们真是在白费力气，除非有人能证明这颗星球跟地球一样能够满足生物的生存所需。"

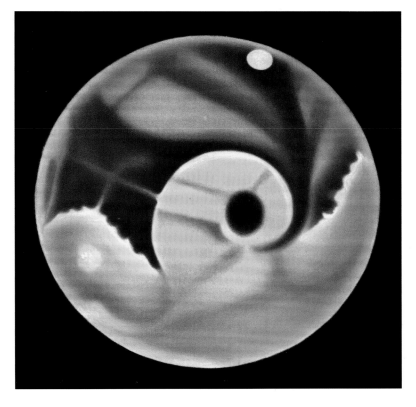

埃蒂安绘制的火星图，1882年

　　法国天文学家兼艺术家埃蒂安·特鲁夫洛（Étienne Trouvelot）在当时根据自己的观测绘制出令人惊叹的近7000张天文插画，这在当时绝对算是创作大家了。他所绘制的精美而又精确的图片让他获得了哈佛大学的邀请，他随即前往哈佛大学天文台工作，后来又被邀请到美国海军天文台使用66厘米（约26英寸）口径的天文望远镜来进行天文观测。

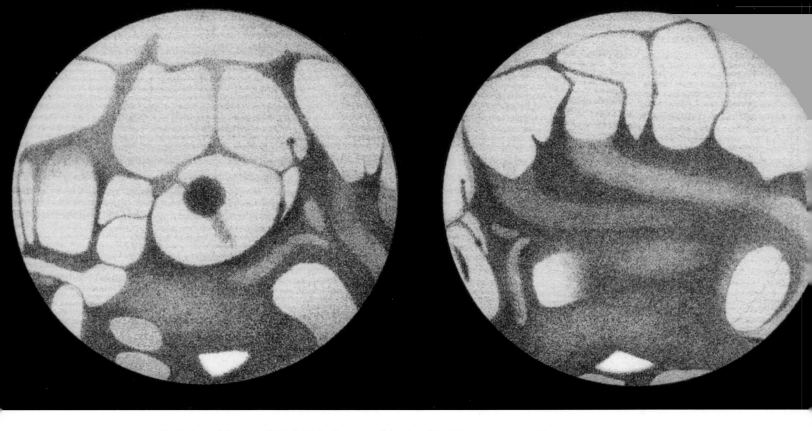

乔瓦尼·斯基亚帕雷利绘制的火星"运河"图，1892年

意大利天文学家乔瓦尼·斯基亚帕雷利所绘制的地图极大地推动了"火星上可能曾经有人居住"这一想法，因为他所绘制的地图上标明了一条条直线网格。随着时间的推移，这些线条网格在斯基亚帕雷利的地图上越发明显。他本人将这些线条命名为"canali"，这一举措加重了当时人们的误解，实际上这个单词在意大利语当中的意思不过就是"channel"（通道）的意思，不过英文读者们将其理解成了"canals"（运河）——人工建造的水道。斯基亚帕雷利的本意是认为这些线条是自然产生的，并不是生物留下的痕迹。他在1893年写道，"虽然这些线条都是以规则的几何图形绘制的，但是没必要认为这些线条是智能生物制造的产物，我们现在更为倾向于它们是随着星球的历史演变而来的，就好像地球上的英吉利海峡与莫桑比克海峡一样都只是巧合而已"。不过其他人不那么愿意用这种方法审视这些线条，他们认为如果火星上存在运河系统，那肯定是存在于火星上的火星人制造出来的。

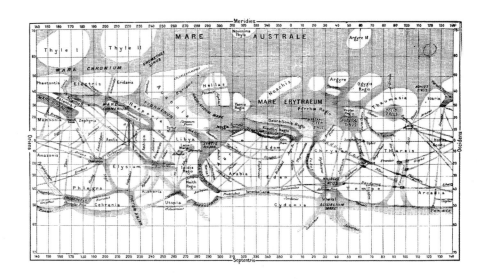

珀西瓦尔·洛威尔绘制的火星上的 "运河"，1895年

与其他人不同，洛威尔是一位业余的天文学家，他对于 "火星人建造运河" 这件事十分热忱，随后他在亚利桑那州的弗拉格斯塔夫建立了一个完整的观测站，目的就是为了彻底观测火星上的 "运河"，同时为其 "杜撰" 一个合情合理的解释。他提出了一种理论：火星上的水源消耗殆尽，危机万分的时刻，火星人被迫挖掘出一套复杂的运河网络，这样他们就可以通过极地冰盖来灌溉星球上需要水源的区域。当然了，天文学家对他的理论一致保持怀疑态度，不过这样精彩的故事深受大众喜爱。在他自己撰写的火星书籍中，他命名了184条运河、64个 "绿洲" 以及星球上的40块区域。

厄尔·斯利弗为水手号火星探测器执行任务提供的火星地图，1962年

尽管这些 "运河绯闻" 在之后已经被广为辟谣，只是低分辨率望远镜造成的错觉，不过对于大众来说，这些 "运河" 算得上是火星地图上的一种永久性特征了。下面这张由厄尔·斯利弗（Earl Slipher）绘制的地图曾经用来帮助水手号系列探测器前往火星完成任务，从这张地图上我们仍然可以看到一些像 "运河" 的线条。不过水手号最终探明火星上并不存在什么运河。下图中6张不同角度倾斜的极地地图为我们展示出了火星南北半球的夏季情况。

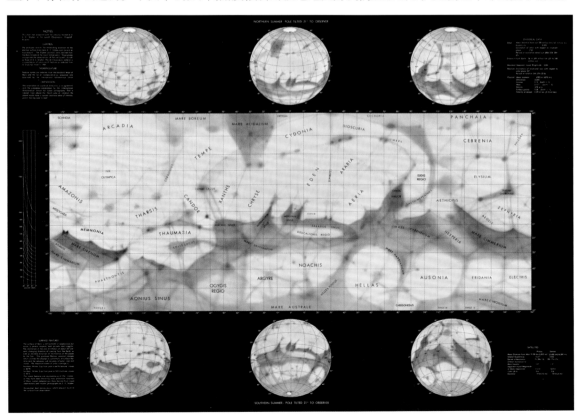

水手9号拍摄的火星地表图，1971—1972年

时间来到1965年，NASA发射的水手4号探测器首次飞抵了火星，早期的火星探测任务是由轨道飞行探测器拍摄了200张左右的照片，不过这些照片已经足以证明火星上没有什么所谓的运河存在。水手9号探测器日后又拍摄了约7000张照片，科学家据此绘制了第一张详细的火星地表图。水手9号探测出了火星上的火山、熔岩流、山体滑坡、极地冰盖以及沙尘暴迹象，不过当然，也发现火星上并不存在城市、灌溉用的运河或者是"绝望的火星人"。从照片中我们还可以看到奥林匹斯火山（Olympus Mons，当时被命名为奥林匹斯-尼克斯山），它的高度是珠穆朗玛峰的2倍，同时也是太阳系当中最大的火山。

水手9号是第一艘环绕其他行星运行的航天器，它也为我们带来了许多的"惊喜"，火星地表被一层厚厚的尘埃所覆盖，这是迄今为止我们所知道的最大风暴所导致的，尘埃厚度太大以至于火星表面只有4座山峰的山顶"冲出"了尘埃的覆盖，为了进行摄像工作，航天器不得不等了超过2个月等到火星上尘埃落定之后才能继续开展工作。在349天的绕火星运行之后，水手号拍到了火星地表80%的图像。除了那些最大最显眼的地貌特征，拍摄结果还揭示了火星地表被风、水、雾、锋面过境天气以及冰云侵蚀的痕迹。水手号的探测结果也奠定了日后维京号（Viking）火星探测计划的基础。

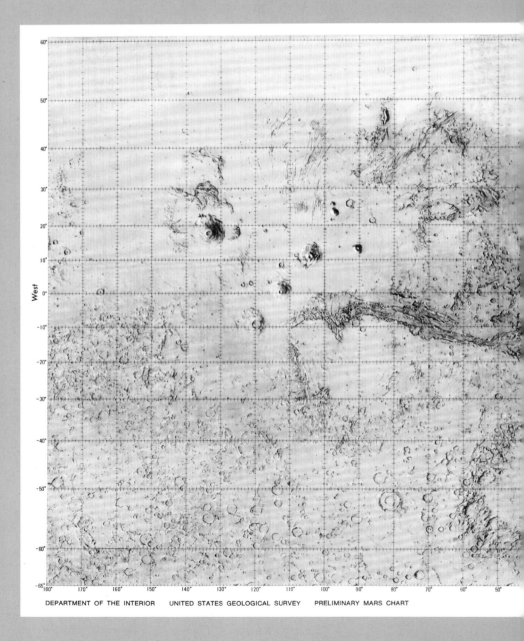

DEPARTMENT OF THE INTERIOR　　　UNITED STATES GEOLOGICAL SURVEY　　　PRELIMINARY MARS CHART

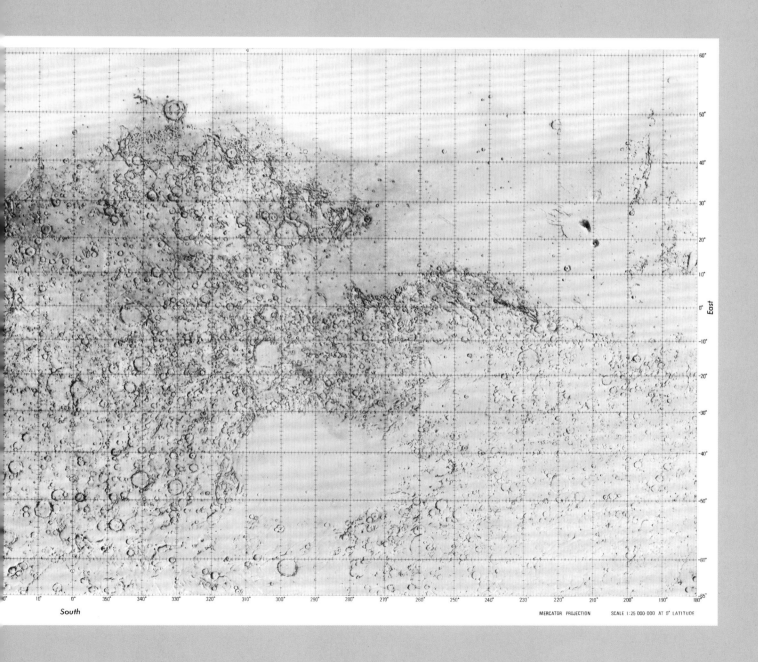

South

MERCATOR PROJECTION   SCALE 1:25 000 000 AT 0° LATITUDE

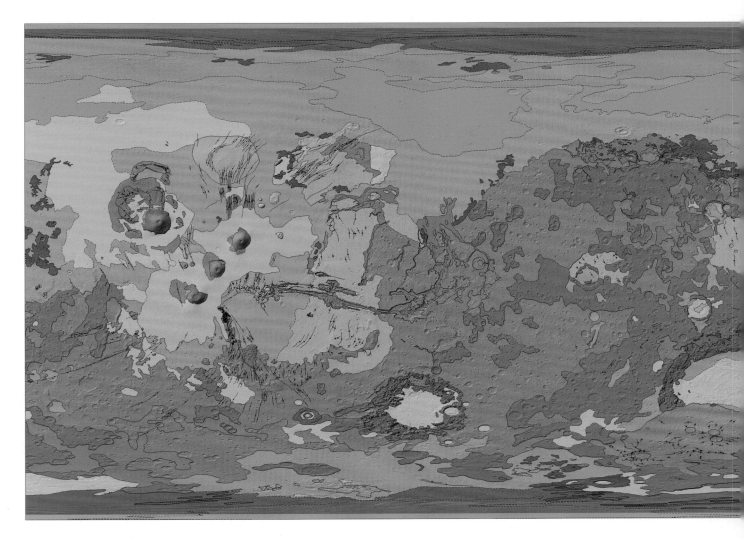

美国地质勘探局绘制的火星地质图，1978年

　　人类历史上地球之外的第一张其他星球的地质图是由美国地质勘探局通过水手号系列探测器收集的数据绘制的。这张地图并没有显示出行星的构成成分，也没有足够的数据来显示火星上的矿物结构，不过它通过不同的颜色标出了不同类型的地形。蓝色区域是丘陵与火山，深紫色区域代表山脉，浅黄色代表的是平坦的平原，深黄色代表的是火山熔岩平原，而火山活动产生的物质则被标成了粉红色。

　　大量的火山以及熔岩流表明火星过去的地质活动可能十分活跃（现如今可能依旧十分活跃），而火山的数量则表明，火星地表的历史十分悠久，频繁更新迭代的地表情况可能会掩盖掉过去发生的陨石撞击痕迹。

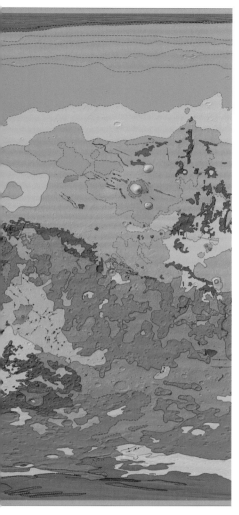

美国地质勘探局重新绘制的火星地质图，2014年

美国地质勘探局通过火星环球观察者号（Mars Global Surveyor）、火星奥德赛号（Mars Odyssey，发射于2001年）、火星快车号（Mars Express，发射于2003年）以及火星勘测轨道飞行器（Mars Reconnaissance Orbiter，发射于2006年）收集的数据绘制了迄今为止最为详细的一张火星地质图。棕色区域代表地表最为古老的区域，距今约37亿至41亿年。通过探测器收集的数据我们了解到火星直到如今依旧保持着十分活跃的火山地质活动，同时星球上还留存有地震、冰川以及被水侵蚀的痕迹。

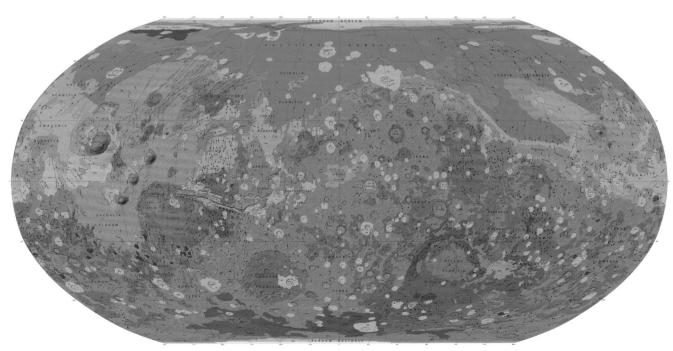

NASA绘制的火星地形、重力、地壳厚度以及地表地形图，2016年

下面这5张地图共同描绘了火星的地质特征。它们分别是火星的地表地形图（原色图，图5）、地形图（图1）、火星地壳厚度图（图3）以及行星重力剖面图（图2与图4）。

这些地图是通过分析火星环球观察者号、火星奥德赛号以及火星勘测轨道飞行器收集的数据绘制的。当航天器绕火星运行时，行星引力的微小变化会引发航天器高度与速度也产生微小的变化。通过监测这些信息的变化生成了一张张地图，从而显示出较高或者较低的区域。星球地表的重力之所以不一样是由于地表凹凸不平以及内部构成不均匀，重力值更高可能是由于海拔较高（因此在探测器于行星的重心之间就有更多的陆地，从而导致更大的重力牵引）或是行星内部物质密度更高。

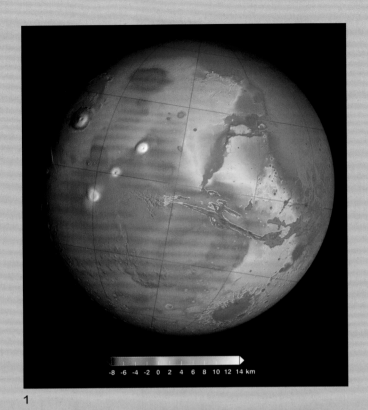

1

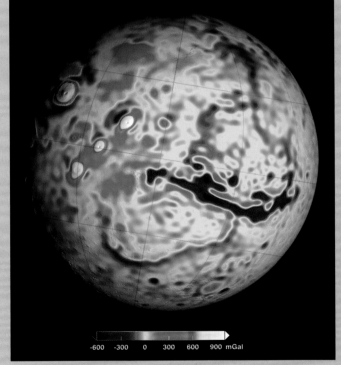

2

3

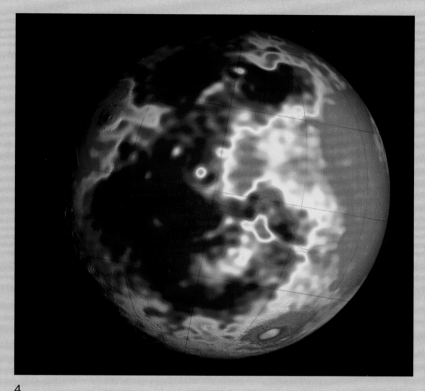

4

在图2所示的自由空气重力异常中，蓝色的长条纹代表的是水手峡谷（Valles Marineris），该地区的重力也因为海拔较低而变得比较小。红白相间的区域有着最大的重力，塔尔西斯（Tharsis）火山高原，和其中被统称为"塔尔西斯山群"的三座大型盾状火山——阿尔西亚山（Arsia Mons）、帕弗尼斯山（Pavonis Mons）和艾斯克雷尔斯山（Ascraeus Mons）。通过图2我们可以了解到这些区域的重力差异。而通过布格重力图（The Bouguer gravity map，图4）我们减去了星球地表的凹凸不平，从而显示出重力在星球内部的分布不均，在星球地表下的地质密集区域，重力会比其他区域更大。地壳厚度图（图3）就是根据布格重力图计算的，这种计算方法也改进了以往对于地壳厚度的估算方法。通过这些测量，我们也证实了火星有一个熔融的外核。这些重力图将有助于未来的火星探测器准确接入火星轨道、精准地接近火星地表。

5

火星快车号拍摄的曼加拉槽沟正射影像，2008年

　　曼加拉槽沟（Mangala Fossa）是由37亿年前火星上的洪灾创造出来的外流通道系统。科学家认为它是附近的"塔尔西斯山群"的熔岩融化了一个巨大的冰冻水库形成的地貌。科学家估计这片沟槽至少两次被巨量的水流冲击，水后来都流到了火星表面的平原上。在下图中，地势较高的地方（白色／灰色地区）是因熔岩沉积而成的，而地势较低的区域（蓝色地区）则是一块低洼的平原地带，那里曾

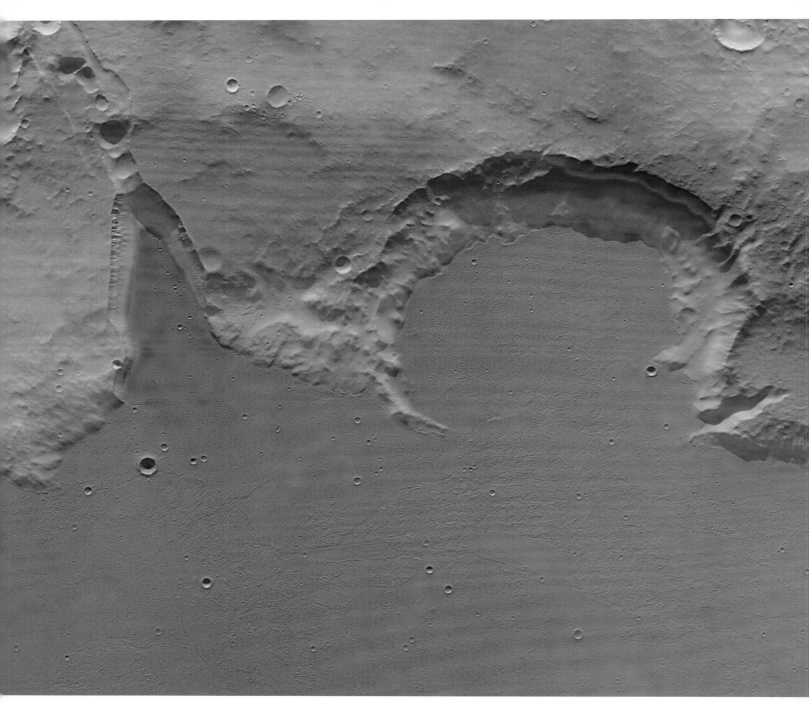

经水源聚集。而较为平坦、未经陨石撞击过的区域当然就是相对比较年轻的地层，图中的悬崖高达100
米（约328英尺）。

　　正射影像是经过校正以消除航空拍摄中失真畸变的图像，这样处理过的图像更能反映出拍摄对象
的原貌。这张照片是由欧洲航天局所发射的火星快车号探测器拍摄的图像处理生成的，火星快车号上
也搭载了高分辨率立体相机。

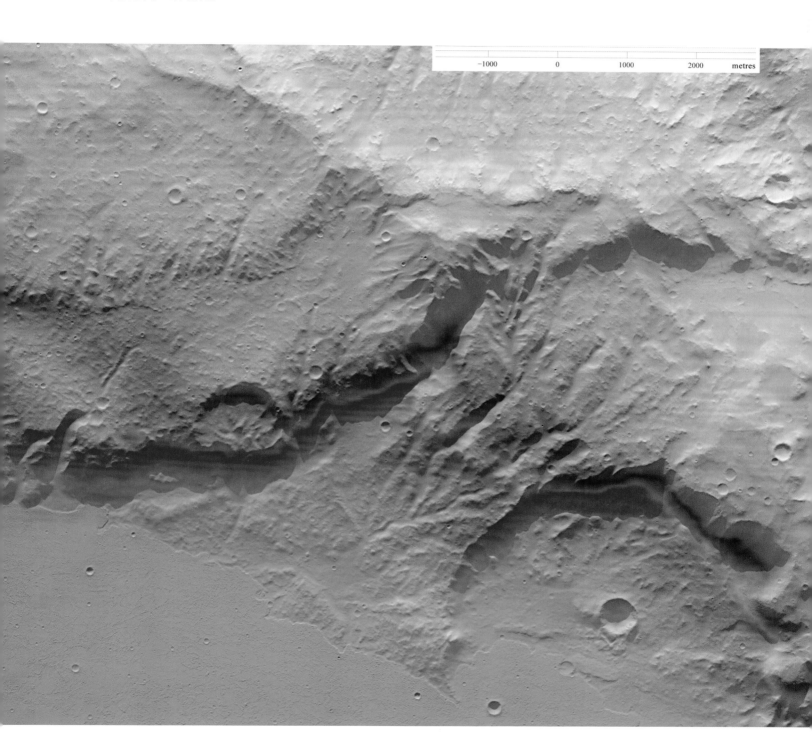

HiRISE相机拍摄的火星近景，2002—2005年

NASA发射的火星勘测轨道飞行器上搭载的高分辨率科学实验摄像机 —— HiRISE相机拍摄了13000张十分清晰的照片，覆盖了火星表面约1%的面积。这些图像的分辨率非常高，照片上一个像素点对应的是地面上25—60厘米（10—24英寸）的区域（具体大小取决于轨道飞行器距地高度）。

火星地表是太阳系中最崎岖的星球地表之一，上图显示的是火星北极博勒拉峡谷（Chasma Boreale）的一部分，这是一个贯穿了火星北极冰盖并长达570千米（约350英里）的峡谷，峡谷的崖壁高达1400米（约4600英尺）。

这张照片为我们展示了沙尘与冰的混合物。火星的地轴在几十万年内不断变化，从而导致了周期性的气候变化。火星北极的冰在数十亿年间周而复始地累积、消融——在寒冷时期不断累积，在温暖时期又不断消融。在温暖时期吹进峡谷的沙子被冰冻了起来，当冰融化时，这些沙子又一次暴露出来，继续被吹进峡谷，形成了一个又一个沙丘。由于拍摄时火星正处于温暖时期，极地冰层里的沙子景观将会慢慢显露出来。

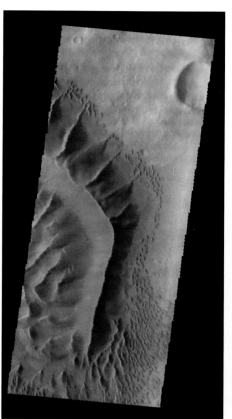

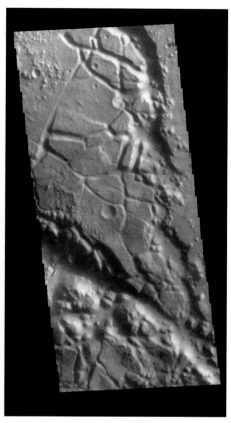

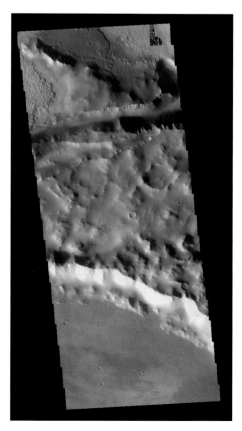

上图是探测器从更高的角度观测到的峡谷形状，左上角的图像显示了它所覆盖的范围，整个峡谷在开口处宽达120千米（约75英里）。

火星的卫星

火星拥有火卫一与火卫二两颗非常小的卫星，火卫一直径约22千米（约14英里），火卫二直径仅有12千米（约7.5英里）。

这两颗卫星与火星的距离都比月球与我们之间的距离要近得多，火卫一的轨道距火星地表约6000千米（约3700英里），火卫二的轨道距火星地表约20000千米（约12500英里），而月球距地球地表约38.3万千米（约23.8万英里）。阿波罗号的宇航员们花了3天的时间才从地球登上月球表面，而以相同的航行速度从火星到火卫一大概只需要1个小时。火卫二环绕火星一周耗时约30小时，而火卫一只需要8小时左右。

好奇号拍摄的火卫一照片，2013年

右图是NASA发射的好奇号（Curiosity）火星探测车拍摄的火卫一照片，这颗卫星上最为显著的地标就是斯蒂克尼陨石坑（Stickney Crater），在图片的右下方可以看到。这颗卫星的命数已定，它的轨道离火星太近了，因此会被引力拉得越来越近，最终在5000万年到1亿年之后整体破裂或是撞击在火星表面。

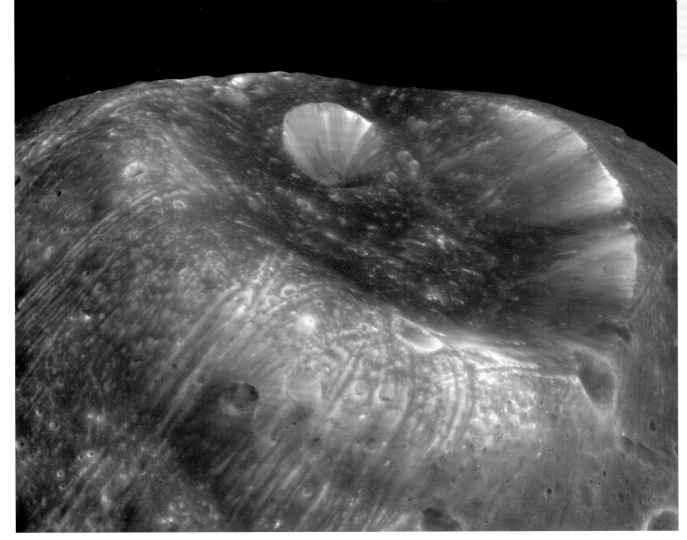

上图是火卫一上的斯蒂克尼陨石坑的伪色图图像，图像由HiRISE相机于2008年在火星勘测轨道飞行器上拍摄。

火星快车号拍摄的火卫二与土星照片，2018年

　　这张火卫二的照片是火星快车号上搭载的高分辨率立体照相机于2018年拍摄的。火卫二上只有两处命名地貌，伏尔泰（Voltaire）与斯威夫特（Swift）陨石坑，这两个名字源于两位早在火卫二于1877年被观测到之前就猜测火星有两颗卫星的作家。火卫二的地表比火卫一更为光滑，这是因为其表面的许多陨石坑中都充满了表土（松散的物质）。这张照片是从太阳向太阳系之外拍摄的，从照片的背景中可以通过土星环看到土星的存在。

欧洲航天局拍摄的小行星带

　　小行星带是太阳系形成过程中遗留下来的岩石碎片带。19世纪早期的天文学家根据推算发现在火星跟木星之间应该还有一颗行星，随后他们找到的却是这条小行星带。小行星带的直径约为1AU（AU即1个天文单位，1AU≈1.5亿千米），而小行星带也是许多坠落地球的流星体的来源。一些小行星是坚硬的岩石块，而另一些则是由引力聚集在一起的一堆碎石，还有一些小行星富含金属，尤其是铁和镍，有些则是金属与岩石的混合物。相对而言，很少有小行星被详细地绘制星图或者被专门拍摄成像，它们的大小当然也各不相同。自从朱塞佩·皮亚齐（Giuseppe Piazzi）在1801年发现了第一颗小行星谷神星（但在2006年，谷神星被重新划归为矮行星）之后，已经有近100万颗小行星被人们所观察到。

上图这颗富含金属的巨型小行星司琴星（Lutetia）长120千米，并且地表被陨石严重撞击过。这张照片是由欧洲航天局发射的罗塞塔（Rosetta）探测器于2010年拍摄的。而图中较小的这颗行星名为小行星951（951 Gaspra），是伽利略号于1991年首次经过的时候拍摄的。

伽利略号拍摄的艾女星及其卫星，1993年

　　这张艾女星及其卫星（艾卫一）的照片是由伽利略号飞往土星的途中拍摄的。艾卫一是第一颗被人类发现的小行星的卫星。艾女星是一颗土豆状的小行星，长56千米（约35英里）、宽约23千米（约14英里），而它的蛋状卫星最大时只有1.6千米（约1英里）长。艾女星的自转周期是4小时38分钟，星球富含岩石与铁，据传这是由一颗更大的名为科洛尼斯（Koronis）的小行星在碰撞中碎裂而成的。从艾女星地表的陨石坑我们可以了解到它已经存在超过10亿年了，而艾卫一则更年轻一些，星球成分也略有不同。这颗卫星的规则形状表明它是由更小的粒子组合而成的，一种理论认为，这颗卫星是流星撞击艾女星之后在四周形成的碎片云汇聚而成的。

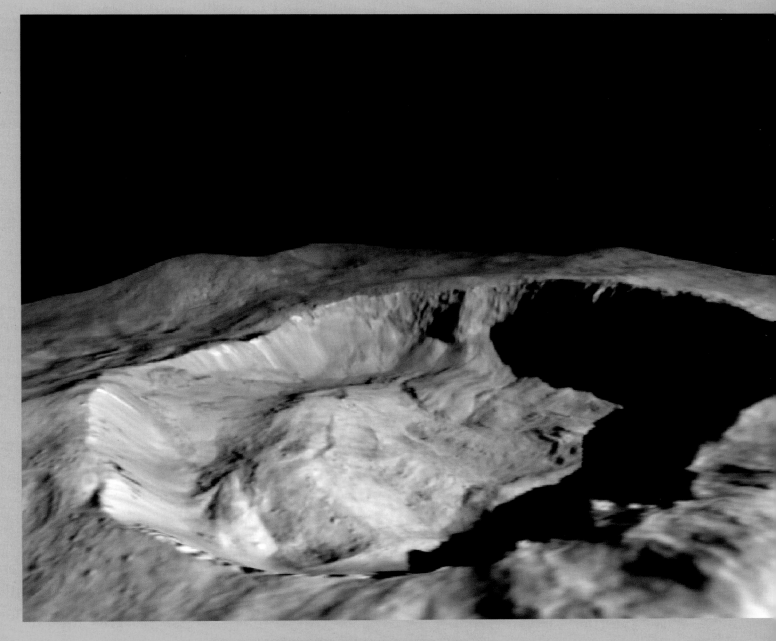

黎明号拍摄的谷神星，2015年

在小行星带中最大的两颗天体是谷神星与灶神星，它们也是NASA发射的黎明号（Dawn）探测器的主要目标，该航天器也是第一个环绕一颗矮行星、两颗小行星运行的探测器。谷神星的外壳富含水分，多达25%由水组成，星球上所含有的水甚至比地球上的还多。而黎明号也发现谷神星的岩石核心被冰所包裹着，谷神星也是整个小行星带中唯一的一颗矮行星，其他矮行星则位于海王星之外。如图所示的尤林陨石坑（Juling Crater）深2.5千米（约1.6英里），北面的坑壁上结满了冰，因为那边处于永久的阴影当中，所以温度很低。

黎明号拍摄的灶神星，2011—2012年

　　灶神星，是直径530千米（约329英里）的太阳系第二大小行星，它在太阳系形成后两三百万年内就成形了。黎明号的调查显示，它与大多数的小行星构造极为不同，却与地球等正常行星类似，星球整体分为几层（地壳、地幔与地核），这些特征的形成是因为这颗星球形成的时间非常早，当时组成行星的一些放射性元素依旧十分活跃，足以熔化正在形成中的小行星，让那些更重的元素得以移至星球的中部。

　　灶神星地表有着一些亮斑与暗斑，亮斑被认为是星球上的天然岩石，而暗斑则被认为是在过去35亿年里与之相撞的300颗小行星沉积而成的。作为一颗成形十分早的星球，灶神星对于天文学家来说是研究太阳系形成的一个很有价值的潜在目标。同时灶神星还是最明亮的小行星，我们经常可以用肉眼观察到它。

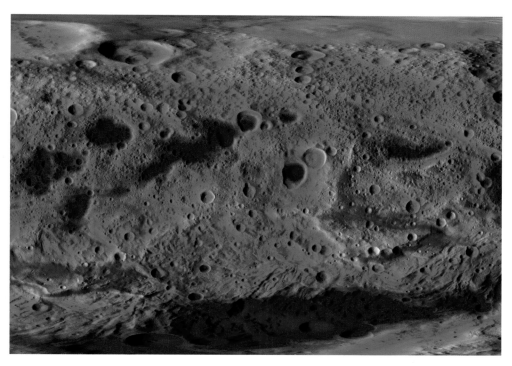

上图是由黎明号拍摄的谷神星彩色地形图。

左图中灶神星顶部的许多凹槽是星球表面的峡谷。它们可能是由形成太阳系中最大撞击坑之一——雷亚希尔维亚（Rheasilvia）盆地的巨大撞击造成的。在峡谷的500千米（约310英里）处，有一个超级巨大的撞击坑，它的直径长达星球总直径的90%。除此之外，另一处戴瓦利亚槽沟（Divalia Fossa）要比美国的科罗拉多大峡谷还要大，在灶神星南极附近的山峰（位于这张图的底部），高度也高达珠穆朗玛峰的2倍。

岩石很少，空间很大

整个小行星带（如上图所示，位于火星轨道与木星轨道之间）拥有200颗直径大于100千米（约60英里）的小行星以及100万至200万颗直径大于1千米的小行星，它们之间的间距很大，可是如果将所有小行星全部集合起来，最后形成的星球会比月球还小一些。

第二章
气态巨行星：
"空无一物"的世界

气态巨行星土星和木星与其他岩石行星之间以小行星带和5.88亿千米（约3.65亿英里）的距离隔开，整体距离几乎是地球与太阳距离的4倍。对于许多人来说，这些气态巨行星十分迷人，因为这些行星上的气体不像地球上的气体四散开来，相反它们紧紧地粘在一起，在太空的风暴中共同前行。

左图是气态巨行星土星，照片是由卡西尼号探测器（Cassini spacecraft）于2004年拍摄的。这幅引人瞩目的行星环图片是由105张单独的相片组合而成的。毛利人把土星名为"Parearau"，意思是"被头带包围着"，土星对于人类而言一直是一个谜，直到后来人们能用望远镜观测，土星才逐渐被人类所了解。

除了气体还有什么?

　　与岩石行星不同，气态行星没有很明显的固体表面，但是这也并不意味着这些行星的表面永远都是气态的。在很长一段时间里，人们以为气态行星会有一个小固体核心，整个气态行星在初期会围绕着这颗核心"生长"。然而，朱诺号（Juno）木星探测器探测得到的最新数据表明，木星的核心比人们想象的更大，而且处于"部分熔融"状态，并不是固态。

　　气态行星上的气体密度会逐渐增大，密度到达一定程度时可能会在某处形成液态或固态。同时当气体达到这种状态时，固态物质就没办法下沉"穿过"了，此处被称为"名义上的表面"。这种星球表面不同于岩石星球，没有一个分层十分清晰的气固界面。在火星与地球上，地表与大气之间的边界当然是不容置疑的——以物质（空气或岩石或水）的变化来划分边界。可是在土星上，人们假设的"停止下沉"的点与常规意义上的并不一样，不像是某朵花或者其他东西"停止下沉"的位置。在讨论气态巨行星的"表面"状态时，科学家一般都指定与地球表面大气压力相同的位置（1 bar）为气态巨行星的"表面"。

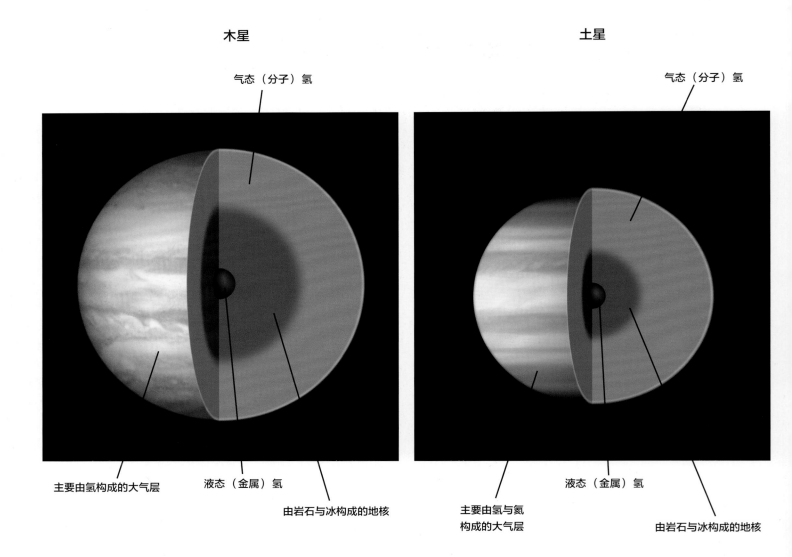

木星　　　　　　　　　　　　　　　　　　　土星

气态（分子）氢

气态（分子）氢

主要由氢构成的大气层　　　液态（金属）氢

由岩石与冰构成的地核

主要由氢与氦构成的大气层　　液态（金属）氢

由岩石与冰构成的地核

1610年，伽利略认为自己观测到了土星两侧的卫星（参见左侧第3幅图）。1616年，他绘制了土星的行星环图片，这些行星环至今仍旧清晰可见（参见左侧前两幅图），不过在那时他不知道自己到底观测到了什么东西。

气态巨行星主要是由氢与氦构成，它们的大气层里都是随着风暴旋转的云层。不过令人吃惊的是这些气态巨行星都拥有很多岩石卫星。这些气态巨行星的存在给星图绘制者们带来了一个特别的问题——气态行星怎么绘制地图呢？尽管如此，它们的岩制卫星的地图当然更容易绘制。

回望过去

与岩石行星一样，这些气态巨行星自史前时代就已经为人们所知了。它们巨大的体积以及亮度意味着尽管离地球很远，我们仍旧可以在夜空中用肉眼看到其存在。当然了，当时人们还没办法将它们与类地岩石行星区分开来。尽管望远镜在日后被发明出来，这些气态行星与岩石行星的区别仍旧不是很明显，伽利略首先观察到了木星与土星，当时他在土星周遭观察到了一些奇怪的东西，不过当时他并没有将这些物质认定为土星环。随后他观测到了一个对当时太阳系的认知有着很大影响的现象——木星周围有4颗卫星。木星众多的卫星为哥白尼的日心说模型以及"非地球中心论"的理论提供了额外的支持。气态巨行星的大多数卫星太小，即使使用望远镜也看不到，时至今日仍旧有新的卫星被人们不断观测到。

以当时的技术水平，伽利略不可能知道这些气态巨行星是由气体构成的，事实上当时就连"气体"的概念都不存在，人们在

于1997年在卡纳维拉尔角发射升空的卡西尼号探测器，在2004年6月30日抵达土星系统。

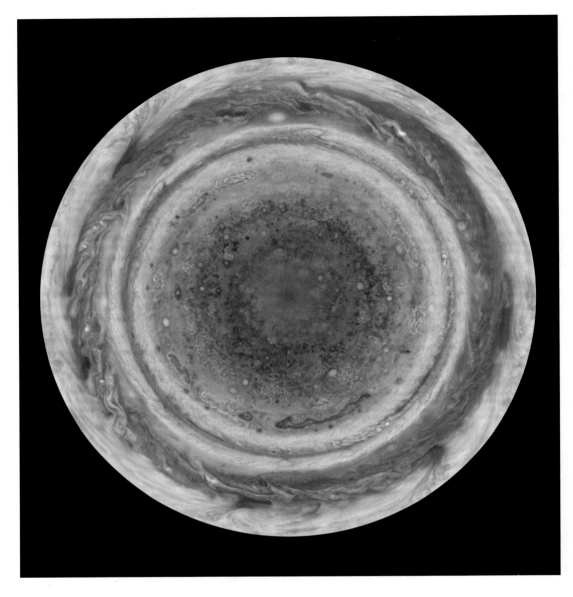

卡西尼号探测器于
2000年拍摄的木星图。
木星北极位于图片的
中心，赤道则环绕在
图中的圆周上，从图
上我们可以清晰地看
见星球上的云团带以
及风暴旋涡。

日后才发现空气中有着不同的"气体"存在。科学家日后凭借围绕其运转的卫星的质量发现这
些星球是由气体构成的，随后又通过星球的大小计算出了星球的质量以及它们的密度。"气态巨
行星"（gas giant）这个名词首次出现在詹姆斯·布什利（James Blish）在1952年撰写的一本小
说中。

为气态巨行星绘制地图

　　许多用于绘制岩石行星地图的方法都不适用于气态巨行星。我们不能依据星球表面的反射光
线来确定星球上的"地形"，因为它们根本就没有实质的表面，更别说地形了。这些星球上的反
照率（亮度）与表面的矿物成分根本无关，我们也没办法发射探测车到表面采集样品。不过我们
可以使用光谱技术，通过红外线、紫外线以及可见光来勘定这些星球的构成，同时测量星球上的
温度，不过无论使用何种技术，怎样穿过覆盖在星球表面的云层都是一个摆在眼前的难题。

卡西尼号于2000年拍摄的木星底面，图片的中心是木星的南极，同时木星的赤道则围绕左图中的圆周上，图中的木星 "大红斑" 是一片巨大的风暴，我们也可以看见其他更小的旋风聚集在其他云带上。

气态巨行星的表面没有十分明显的特征帮我们区分行星的正反面，星球上的云与风暴与在地球上一样，星球上四处游移。绘制一颗气态巨行星的地图就好像是除掉陆地与海洋绘制地球的地图，在这些气态巨行星上唯一固定的点就是两极。

聚集卫星

气态巨行星以及冰巨星都被诸多卫星环绕着，其中一些卫星可能与这些行星在同一时间形成，它们也被认为是 "规则卫星"，除了这些卫星，其他卫星可能都是被引力捕获之后拖入行星轨道的。这些 "不规则卫星" 通常是逆轨道运行的 —— 以与行星自转相反的方向旋转。其中一些卫星体积特别小，也不怎么反光，人们只有通过发射飞行器才能了解到这些卫星的全貌。气态巨行星的大卫星是太阳系中最有可能适宜人类居住的地方之一，尽管这些大卫星相距遥远且温度很低，但是星球上的地下海洋有可能足以提供类似于地球早期微生物繁衍生息的环境。

木星

NASA/J
P

NASA发射的朱诺号探测器于2019年2月拍摄的木星增强色图，
图中可以看见白色云团环绕着星球，木星上的著名地标"大红
斑"（the great red spot）在图中右方清晰可见。

木星与地球大小的对比。

星球特征	木星
公转周期	4333天（11.86年）
自转周期	9小时50分钟
质量	地球质量×317.83
半径	地球半径×11.21
与太阳的平均距离	约7.79亿千米
卫星数量	79
发现时间	史前
探测器	飞经木星的探测器：先锋1号（1973）、先锋2号（1974年）、旅行者1号（1979年）、旅行者2号（1979年） 协助探测重力：尤利西斯号（1992年—2000年）、卡西尼·惠更斯号（2000年）、新视野号（2000年） 绕木星探测器：伽利略号（1995—2003年）、朱诺号（2016—至今）

　　除了地球之外，木星算是太阳系中最"有趣"且最有活力的一颗星球了。木星上活跃的大气层使得星球表面的云带不停地变化，云团中的旋涡与风暴也在不断地撕裂着高层的大气环境。

　　木星是人类迄今为止在太阳系中发现的最大的行星，其质量也是其他行星总和的2倍之多。

　　在太阳形成之后，木星占据了太阳系中的大部分剩余物质，随后与其他恒星以相同的方式、相同的成分比例演化至今，不过尽管如此，木星也无法进化为恒星，因为木星的体积太大，导致星球内核没有足够的压力来产生核聚变。在木星的内部，氢变为液态，整个星球拥有一片深达20000千米（约12400英里）的液态氢海洋，这也是太阳系里最大的海洋（尽管氢海洋跟地球上的所有海洋都不一样）。在木星内部的最深处，大气压力变得超级大，以至于液态氢开始像金属一样传导电能，整个星球也随之变成了一个巨大的发电机，再加上木星的自转速度很快，木星周围出现了一个长达7.25亿千米（约4.5亿英里）长的磁场。木星的核心可能是固体，也可能是很热的超致密液态流体，这颗核心可能由铁和石英等硅酸岩石组成，大小可能与地球一样大。

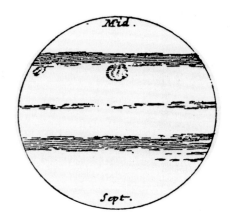

卡西尼于1672年（左）与1677年（右）绘制的木星草图，这也展示了木星在不同视角下的差别。在这两张图片中的上部都对应着木星的南方。

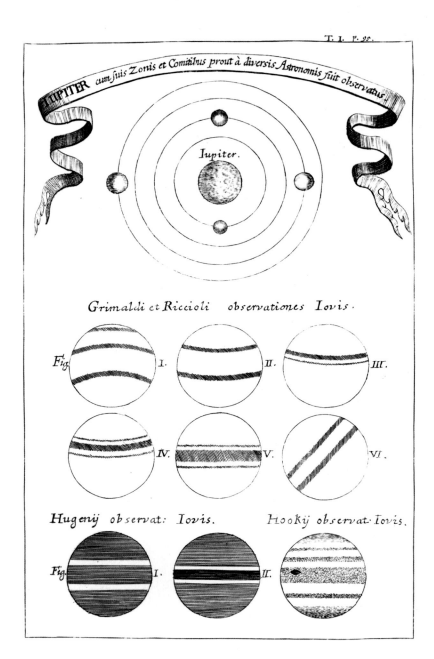

天文学家察恩（Zahn）于1696年出版的木星观测结果。在图片的上方，木星的4颗大型伽利略卫星（由于被伽利略首次观测到，随后被命名为伽利略卫星，Galilean moons），图片的底部则是其他几位天文学家弗朗切斯科·格里马尔迪（Francesco Grimaldi）、乔瓦尼·里奇奥利（Giovanni Riccioli）、克里斯蒂安·惠更斯以及罗伯特·胡克观测的星球云带图。

早期的木星观测

当伽利略第一次看到木星时，受限于当时的技术他没有办法看到星球表面的任何斑点。现如今我们能够看到星球表面的巨大风暴，高层大气中的旋风可以持续存在几十甚至上百年。1664年，英国科学家罗伯特·胡克首次在木星上观察到了一个巨大的斑点，不过这个斑点有可能不是我们现在所知晓的"大红斑"。一年后乔瓦尼·卡西尼也声称自己通过望远镜观测到了木星上有一个巨大的斑点。不过我们还是不知道卡西尼在南半球观测到的这个斑点与胡克观测到的是不是同一个，因为这些斑点的描述并不一致。随后卡西尼从1665年到1713年间一直在观测并且记录自己发现的这个斑点，不过除了他之外直到1830年都没有人声称自己在木星上观测到了这样的现象。这117年的偏差表明卡西尼所观测到的那个原始斑点很有可能消失了，随后观测到的是新形成的另一个巨大斑点。

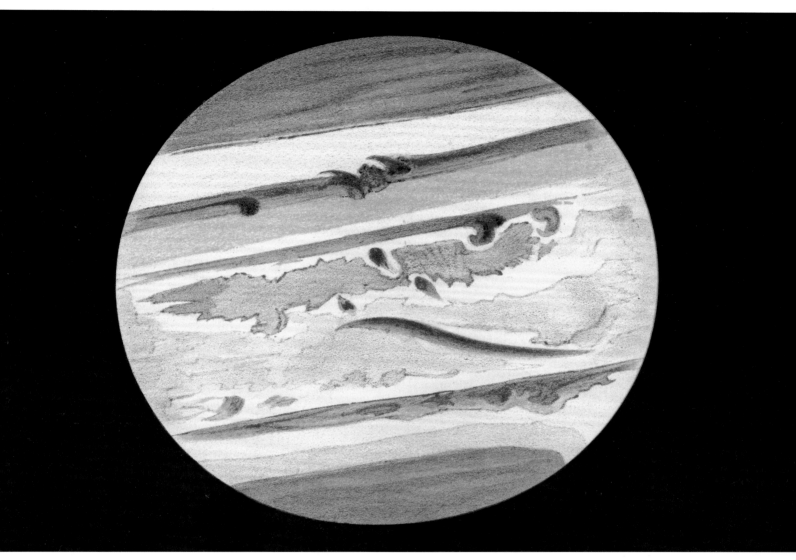

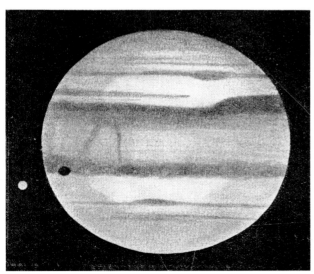

上图： 由彼得罗·塔齐尼（Pietro Tacchini）于1873年观测、绘制并上色的木星图。

左图： 拍摄于1910年，木星的一颗未命名卫星环绕在行星大气层上所投射的阴影。

木星上的超大暴风

　　日后科学家第二次提及大红斑时，时间已经来到了19世纪，那时望远镜科技已经有了长足的进步。1880年时，这块斑点的大小被估算为48000千米（约30000英里）宽，接近地球宽度的4倍。不过现如今这块斑点的大小已经缩短为了地球宽度的1.3倍，并且仍在继续缩小，内部的风速可能也在减缓。这块红斑的变化可以通过跨页上两幅图的对比看出，左边是经过技术修复的1890年木星图像，右边是2015年拍摄的同一角度下的木星图。

　　现如今通过观测，天文学家得知大红斑是夹在两条湾流之间的巨大风暴，两条湾流中的一条流速十分强劲，方向从西向北，另一条流速比较缓慢，方向从东向南。根据人们在1966年的计算以及旅行者号飞船拍摄的返回的延时视频显示，整个巨大风暴被夹在两条湾流之间逆时针转动。风暴边缘的风速约为每小时432千米（约269英里），但是在风暴的中心点则十分平静，几乎没有任何风吹草动。整个风暴最高处高达8千米（约5英里）。

旅行者1号拍摄的木星大红斑，1979年

　　这张伪色图是由旅行者1号拍摄的3张黑白底片拼接而成的。快速移动的云团不断围绕着木星的大气层运转，这也是人类第一次观测到木星大红斑以及围绕其周围运转的云带图案，这样的盛景是地球上任何景观都无可企及的。

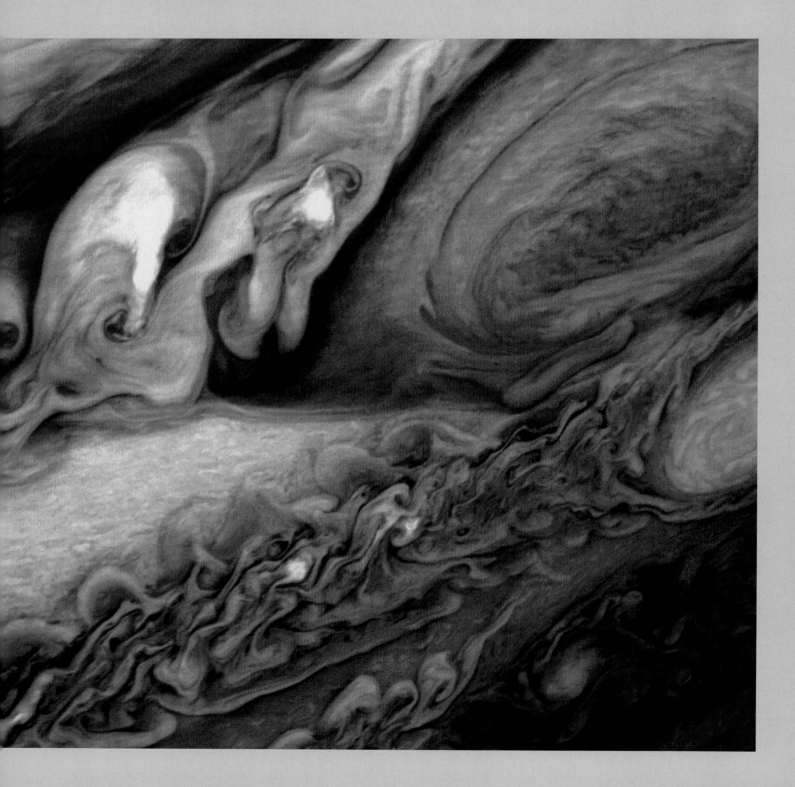

朱诺号拍摄的气旋风暴，2019年

这张木星北半球气旋风暴的伪色图由朱诺号探测器在2019年拍摄于云顶上方8000千米（约5000英里）。白色的云由水与氨冰组成，整个云层可以形成一座高达50千米（约30英里）的云塔。

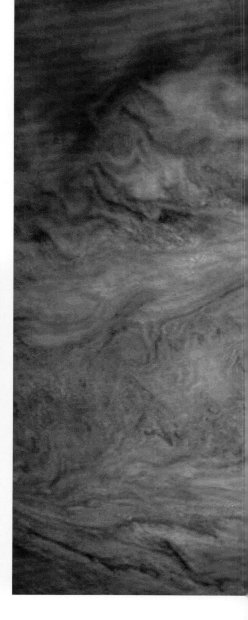

朱诺号拍摄的木星南极顶层云团，2017年

　　朱诺号探测器于2016年抵达木星并开始绕木星运转，拍摄照片的同时勘测星球的大气层。下图为我们展示了木星南极局部地区盘旋的大风暴，这种风暴与环绕地球盘旋的云带有着鲜明的对比。根据朱诺号对于重力变化的测量，木星上的湍流风暴带绵延长达2993千米（约1860英里）。这么长的风暴带总质量甚至占到了木星的1%，也就是地球的3倍之多。而相比之下，地球大气的质量却只能占到地球质量的不到0.0001%（百万分之一）。

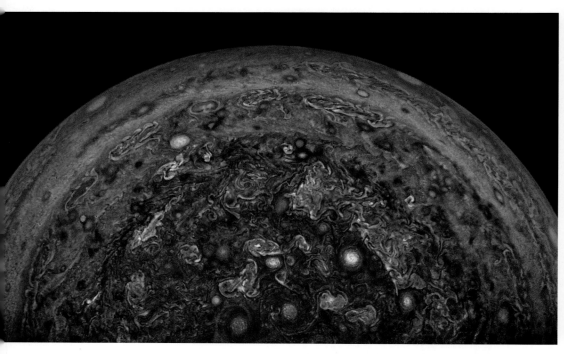

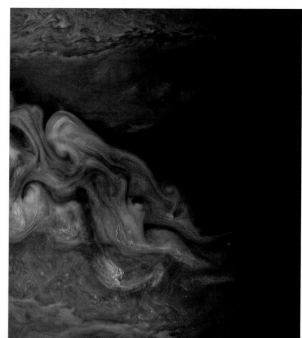

右图： 木星云层的近景增强色图。

朱诺号拍摄的云层细节，2017年

　　对朱诺号拍摄的木星云图的详细研究表明，我们制作的木星天气系统模型仍需进行修改。星球的极地部分被气旋与反气旋所覆盖，其中一些气旋甚至比地球还大。在这张增强色图中，白色的云层位于最高处，由水与氨冰组成；褐色的云层中含有硫化氢铵，位于较低层；而深层云则由蓝色标识出来，位于白色与褐色云层的更下方。

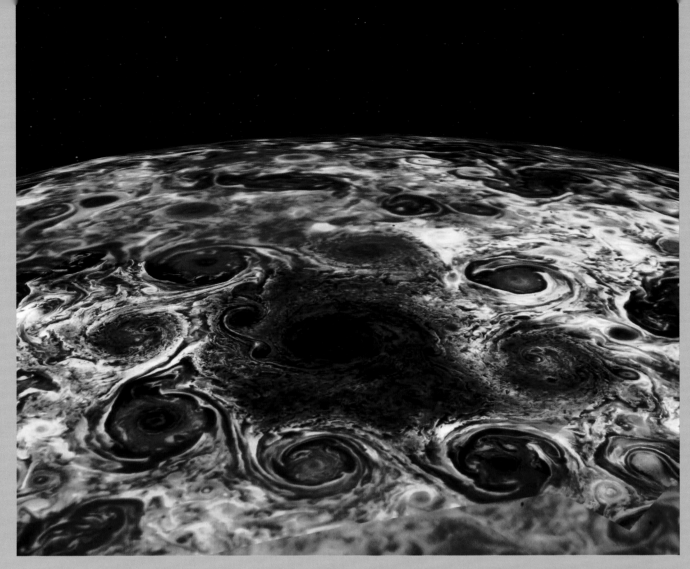

朱诺号拍摄的红外处理后的北极图像

这张图片（上图）来自朱诺号上搭载的木星红外极光绘图仪（Jovian Infrared Auroral Mapper，简称JIRAM）。北极上空的中心气旋由8个小气旋组成，其中风速高达354千米（约220英里）/小时。而在南极，中心则有5个小气旋。图中较暗的区域云层较厚，气温也很低，最低可以低至-118℃（-181℉），而较为明亮的区域则是云层较薄的区域，气温高达-13℃（9℉）。整个星球内部的产热可能相当均匀，这才导致云顶的温度差异十分清晰地反映出了阻挡热量的云层的密度差异。

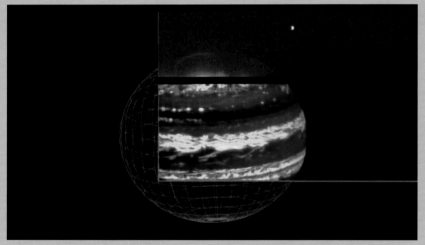

朱诺号拍摄的完整的木星红外线光谱图像，2016年

通过探测木星在不同波长下的辐射情况，木星红外极光绘图仪可以同时显示云层的温度（参见图中红黄色区域）以及来自行星的极光（参见图中蓝紫色区域）。从图中我们可以在右上方清晰地看到木星的卫星木卫一。

大气层顶端

~350 km

朱诺号拍摄的云层中的木星，2017年

　　这张图片为我们展示的是木星大气层外部的一个横截面，朱诺号上搭载的微波辐射器测量了从云顶直至距地350千米（约220英里）高的相关数据。这颗行星的大气层可能有3层云带，由不同高度以及不同物质组成的微小冰晶构成。最高一层云带由氨冰构成，第二层由硫化氢铵晶体构成，最低一层则由水冰构成。星球上这些鲜艳的颜色可能是由从地底深处升起的含有磷和硫的暖气柱所造成的。不过科学家预测以上这些差异都会在离地的100千米（约60英里）左右趋于稳定，不过即使在微波能够探测到的最深处，整个星球也没有哪一层的物质是完全均匀分布的。在右边的插图中，橙色表示氨含量高，蓝色则表示氨含量低。在木星的赤道附近有一条高氨浓度区，而在赤道以北区域则有一片低氨浓度区。

NASA绘制的木星磁场图，2018年

众所周知木星是太阳系中磁场最为强大的行星，木星的磁场强大到向太阳方向绵延了700万千米（约400万英里），而反向则一直延伸到土星（下图）。这么强大的磁场是由星球的液态金属氢外核运动产生的。而根据朱诺号的观测，木星的磁场可能比我们的想象更强大，同时也没那么规则，整片磁场的块状形状可能意味着它在诞生时更靠近星球的名义表面，至少比我们想象得要靠近得多。存在于木星地核中的液态金属氢海洋被视作星球的巨大"发电机"，电流流经这片海洋时也推动着星球沿着自己的地轴不断旋转。

上图： 一位艺术家绘制的朱诺号绕木星运动图。

下图： 木星的磁场。

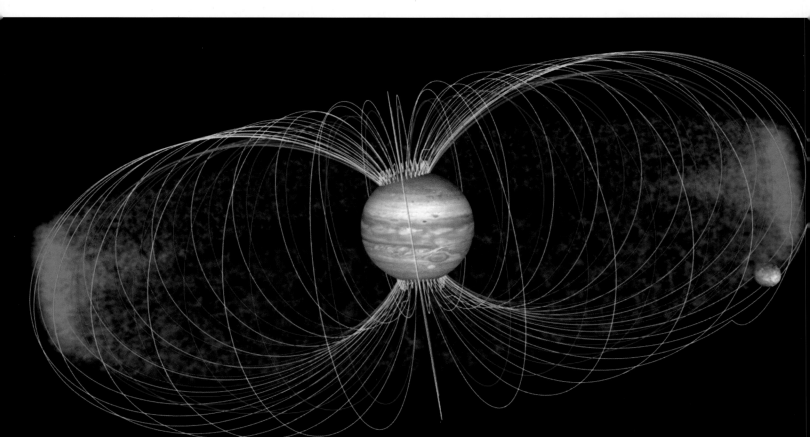

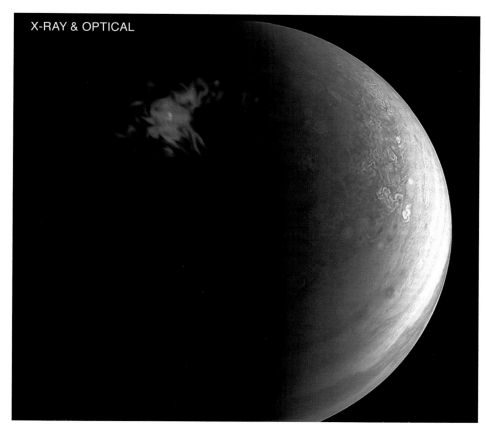

X-RAY & OPTICAL

NASA与ESA拍摄的木星南极极光（2007年摄）和北极极光（2016年摄）

这些木星南北极的极光图是由NASA的钱德拉X射线天文台（Chandra X-ray）以及ESA的XMM牛顿卫星（XMM Newton）收集的数据生成的。上图展示的是北极的极光，下图则是南极的极光。木星产生的X射线热点范围（图中粉红色区域）足以覆盖整个地球的一半。

木星两极的极光彼此独立（不同于地球，地球南北极的极光会互相反射）。在木星的南极，X射线每隔11分钟会规律性地发射一段脉冲，而在北极，X射线的发射模式则是完全不稳定的。目前天文学家正在研究木星的极光是否由木星磁场与太阳风产生的电磁波互相作用而生成。在磁场与电磁波相遇之后，带电粒子会在电磁波上游移，从而获得能量，随后高能粒子与大气层的碰撞就会导致X射线的大爆发从而引发极光。目前这些带电粒子是如何充分加速的仍旧是一个未解之谜，除此之外，超高速粒子与行星两极相互碰撞所带来的影响也不得而知。

木星的卫星

　　木星有79颗卫星，远多于我们所了解的太阳系里的其他任何行星。当伽利略首次观察到4颗巨大的卫星时，他成了第一个观察到有卫星环绕其他行星的人。木星的这些卫星几乎占据了太阳系中的绝大部分卫星的质量总和。除了4颗最大的卫星，木星的其他小卫星合起来只占月球质量的0.003%。不过木星的第三颗卫星木卫三，直径长达5268千米（约3273英里），是太阳系中最大的卫星，比水星还要大，不过从另一方面来说，木星还有7颗超级小的卫星，它们的直径都只有1千米（约0.6英里）长。

这张由哈勃望远镜拍摄于2015年的照片为我们展示了3颗比较大的木星卫星：木卫一（右上）、木卫四、木卫二（左下）运行经过木星的过程。前两颗卫星都在云顶处投下了黑色的阴影，木卫二投射的阴影在这张图中看不到。

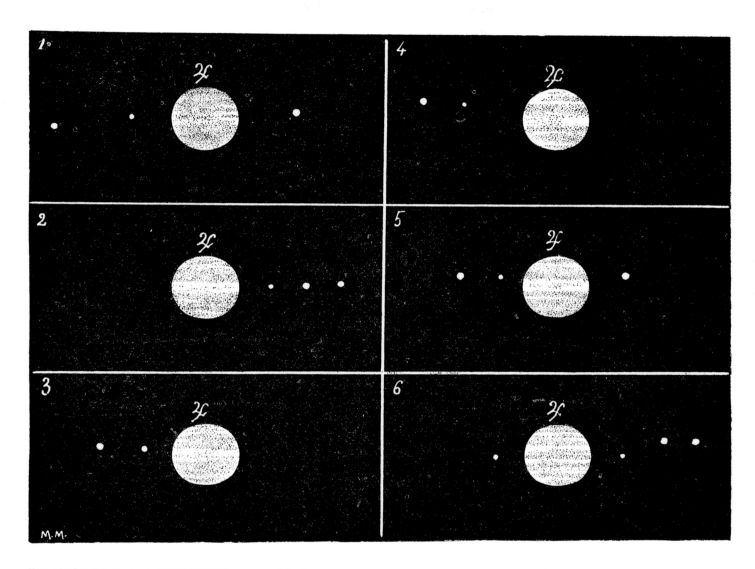

伽利略绘制的木星卫星图，1610年

　　伽利略反复绘制了当时他在木星周围看到的亮点所处的位置，直到他最终得出结论：木星有4颗卫星。起初他想给这4颗卫星取名，以纪念他的赞助人柯西莫·德梅迪奇（Cosimo de' Medici）。不过现如今这些卫星的名字是：木卫一（伊奥，Io）、木卫二（欧罗巴，Europa）、木卫三（加尼米德，Ganymede）与木卫四（卡里斯托，Callisto），这些名字是由德国天文学家西蒙·马吕斯（Simon Marius）命名的，他几乎与伽利略在同一时间发现了这些卫星。不过伽利略并不同意将这些卫星这么命名，相反地他使用了一些罗马数字来命名卫星，从木星本体开始向外命名。伽利略的命名法一直被沿用至20世纪中叶，那时的人们在木星的卫星之间发现了新的卫星，因此整个命名的体系就没办法运行下去了，从那之后，人们就采纳了马吕斯对木星卫星的命名。

NASA拍摄的伽利略卫星，1997年

这张伽利略卫星（特指木星的四个大型卫星）与部分木星的合成图为我们展示了4颗卫星的相对大小。木卫四的图像是由旅行者号（Voyager）于1979年拍摄的，而其他几颗卫星则是伽利略号（Galileo）于1996年拍摄的，这4颗卫星中最小的木卫二跟月亮差不多大。

在伽利略发现这些卫星之后直到1892年，都没有人发现木星还有其他卫星，不过在那一年美国天文学家爱德华·巴纳德（Edward Barnard）发现了木星的另一颗卫星——木卫五（Almathea）。到1979年旅行者1号飞抵木星时，人们已经观测到了13颗木星的卫星（加上木卫十八，这颗卫星早就被人们发现了，可是直到2000年才被证实的确存在），随后旅行者号又在木星周围观测到了3颗卫星，从那之后的20年里，再也没有新的卫星被人们发现，随后在1999年到2003年间人们又发现了34颗木星卫星，之后更多的卫星一颗接一颗地出现，最后在2018年一次性出现了10颗，木星的卫星的数量也定格到了79颗。

木星只有8颗卫星是环绕在轨道上形成的常规卫星，其他卫星都是被木星的引力捕获并拖入轨道的。截至2019年，27颗木星的卫星仍未被命名。木星的"外圈卫星"（outer moons）的轨道都有一定的偏离与倾斜（卫星的轨道平面与木星赤道所处的平面会有一定的角度）。

"内圈卫星"（inner moons）则是特指的4颗木星卫星，这4颗卫星离木星的距离更近，它们名为木卫十六（Metis）、木卫十五（Adrastea）、木卫五（Amalthea）和木卫十四（Thebe）。木卫十五是第一颗在航天器拍摄的图片中发现的卫星（旅行者2号发现于1979年）。这4颗内圈卫星的体积都很小，形状也都很不规则。木卫五是太阳系中最红的天体，它是一颗由冰和碎石组成的低密度卫星。

NASA拍摄的木卫一照片，1999年

　　木星的大卫星中离木星最近的木卫一是太阳系中火山活动最为活跃的天体，这颗星球上的火山喷发出来的物质可以飞到离地40千米高，这也为木卫一的稀薄大气提供了许多二氧化硫。黄色、白色、灰色以及棕色的含硫火山沉积物覆盖了整颗星球的角角落落，我们可以很轻松地从这张真色图中看到这一现象。图中红色以及较暗的区域都是最近火山活动比较活跃的地区。这颗卫星由于潮汐力的原因总是同一面朝着木星运转，不过由于木卫二与木卫三对其施加了强大的引力，因此这颗卫星产生了一个很扁的椭圆轨道，强大的潮汐力牵引着这颗卫星的岩石，使其表面十分"膨胀"，地表的岩石被拉伸的高度高达100米（约330英尺）。

伽利略号拍摄的木卫一上的火山，2001年

通过木卫一的红外地图我们很容易就可以看到星球上火山的位置，我们还可以将红外地图与左侧的地表图相对比，星球上最热的区域用红色、黄色、白色表示，最冷的区域则用蓝色表示。

木卫一目前是整个太阳系中火山活动最活跃的天体，通过这张红外地图我们发现了星球上4座之前没有发现的火山。

潮汐力使得星球内部产生大量热量，星球地表以下的岩石因此保持着熔融状态，并随时有可能从火山口喷涌而出，星球的地表还存在有液态熔岩湖。这颗星球的地表因为经年不断的火山活动被不断更新，很少有撞击坑还没有被熔岩所淹没过。

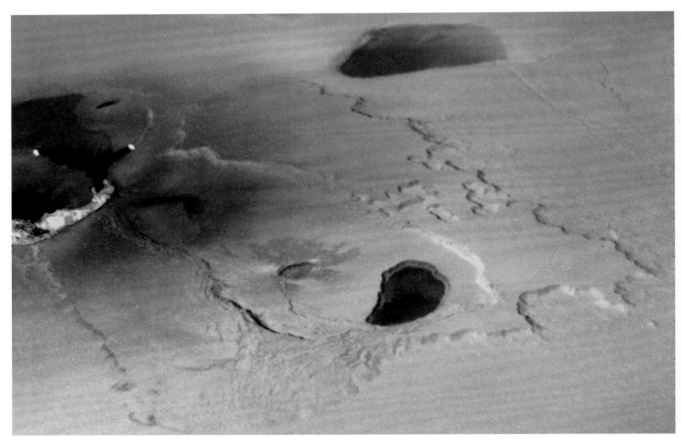

这张合成版的增强色图是由伽利略号探测器拍摄于1999年的照片拼接起来的。从图中我们得知，木卫一北半球的陀湿多火山（Tvashtar Paterae）正处在爆发阶段。

伽利略号拍摄的木卫二，2000年

伽利略号在1996年拍摄了木卫二的照片（左图），首次勘测到了这颗星球充满冰与裂缝的地表。木卫二赤道地表的温度为-160℃（-260℉），两极温度为-220℃（-370℉）。

哈勃太空望远镜在2016年发布的照片显示，木卫二地表喷出的水柱可以飞至地表200千米（约125英里）处。这样的现象也证明了另一种理论：这颗星球地表冰壳底下10—30千米（6—19英里）处有一片海洋存在。这片海洋可能有100千米深，在这种情况下这片海洋的总体积可能是地球上所有海洋合起来的两三倍。这片"假想中的海洋"也被认为是在太阳系中找到生命可能性比较大的地方之一。

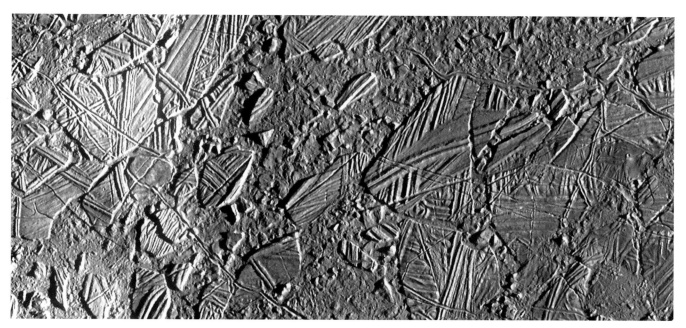

伽利略号拍摄的木卫二地表的冰面图，1996—1997年

木卫二上的康纳马拉混沌（Conamara Chaos）地区这一破坏的冰壳里显示出了明亮的白色与蓝色，这些区域被南面1000千米（约621英里）处的普威尔陨石坑（Pwyll Crater）形成时所带来的冰颗粒所覆盖。此处以及星球上的其他红棕色区域被科学家认为是星球内部的矿物以及硫化物通过地表裂缝和陨石撞击被带到地表而形成的。

伽利略号与旅行者号拍摄的木卫三地形图，2014年

旅行者1号与旅行者2号探测器首次观测到了木卫三，随后伽利略号也观测到了这颗卫星。星球地表的图像是根据旅行者号于1979年拍摄的图片以及伽利略号于1996年拍摄的图片组合而成的，木卫三的地表由冰以及硅酸盐岩石组成。这种低反率，地形图中颜色较暗的地貌大概已经有40亿年的历史了。星球地表40%的区域都富含黏土，同时被许多陨石撞击过，星球上较浅的地形相对而言是较新形成的地貌（实际上绝对时间也很久远了）。与其他星球相比这颗星球表面的陨石坑非常少，但是星球地表沟壑纵横，这有可能是星球内部的张力以及地下水引起的。这些沟壑有的深达700米（约2000英尺），并可以在地表上绵延数千千米。

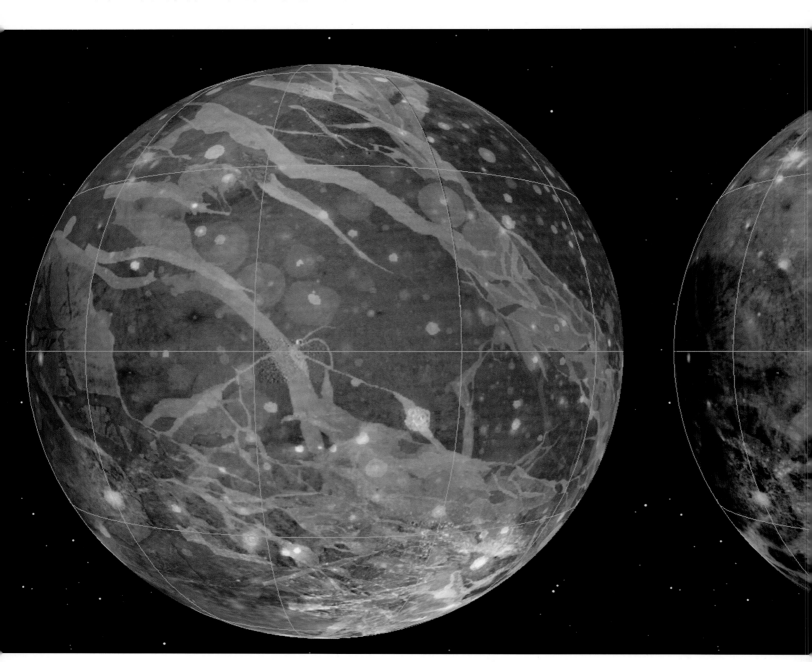

　　木卫三的核心是液态铁构成的，这颗核心占据了星球直径的一半。这块地核被硅酸盐岩石构成的地幔以及一层冰所包裹，除去这两层，可能还有800千米（约500英里）厚的水包裹着这颗地核。如果这颗星球上有液态海洋的话，那它可能被夹在两层冰之间，一层冰在岩石地幔的正上方，另一层冰则在地表下方，如果这片海洋真的存在，那它可能就是太阳系中最大的海洋了。

　　从左边的地质图中我们可以看到星球地表不同地形的分布，最古老的陨击坑洼区域由红棕色标记着，而蓝色代表的是比较年轻、地势凹凸不平的区域，地势平滑的区域则由蓝绿色表示，平滑与凹凸不平共存的复杂地势区域则由紫色表示。

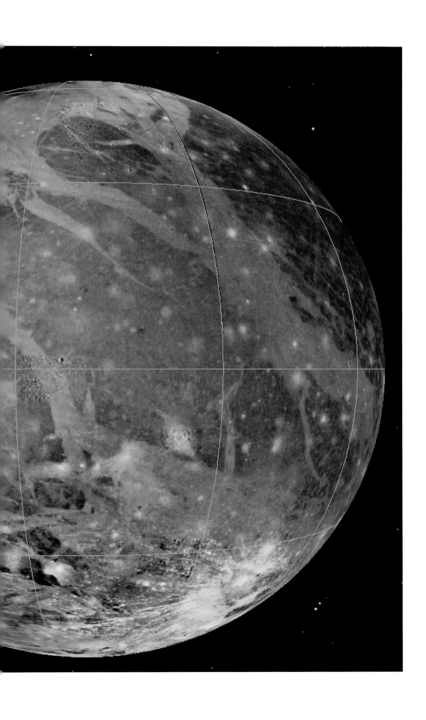

伽利略号拍摄的木卫四照片，2001年

　　木卫四（右图）是木星的第二大卫星，它的体积差不多与水星相同。这颗星球上拥有一片深达250千米（约155英里）的海洋，这也让人们相信这颗星球上可能有生命存在。除了海洋，这颗星球的其他部分由冰、岩石与金属组合而成，星球的核心可能也是由这些物质构成的。

　　木卫四是太阳系中被陨石撞击程度最为严重的一颗行星，有些陨石坑的表面似乎被水冰覆盖，因此表面反射的光清晰可见，由于星球的环境所限，没有什么地质活动和风化作用存在，所以这些陨石坑不会被消磨掉。

　　离木星最近的卫星在几小时内就可以围着木星环绕一周，可是木卫四需要17天才能绕木星一周。

木卫四上的冰塔视觉图，绘制于2017年

　　当伽利略号飞船下降到离星球地表只有138千米（约86英里）时，我们发现木卫四上点缀着许多高达100米（约328英尺）的奇怪冰塔。这些冰塔上落满了黑色的灰尘，这些灰尘吸收着阳光的热量并逐渐升温，缓慢地融化着内部的冰层。随后这些灰尘缓慢滑下冰塔，在冰塔的底部堆积了起来，很多年过后这些冰塔会彻底消失，我们也从未在太阳系中的其他地方发现过这种奇特的景观。

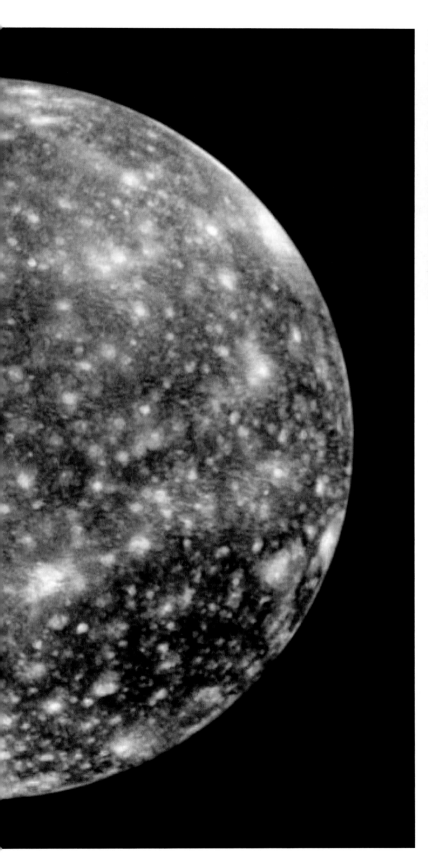

旅行者号拍摄的木星环，2016年

　　木星拥有一个环绕自身的稀薄行星环，组成星环的灰尘源自离星球最近的4颗卫星。这张照片是从星系内部拍摄的，照片的视角面向着参宿四。

土星

星球特征	土星
公转周期	29.46年
公转周期	10小时39分钟
质量	地球质量×95.16
半径	地球半径×9.449
与太阳的平均距离	约14.33亿千米
卫星数量	83+
发现时间	史前
曾经飞经土星的探测器	先锋11号（1973年）、旅行者1号和旅行者2号（1980—1981年）
环绕土星飞行的探测器	卡西尼号（2004—2017年）

该照片是卡西尼号于2004年飞经土星的时候拍摄的，在这颗星球的夜晚（图中右边），土星的阴影会穿过它的行星环。

土星是太阳系中的第二大行星，它也是肉眼所能看到的最遥远的行星。这颗星球的行星环系统所覆盖的区域比任何其他星球都要广泛。这颗星球的密度比水小，所以理论上来说，如果它掉进了一个充满水的容器，土星会"浮起来"。

与木星一样，土星也是一个气态巨行星，主要由氢和氦构成，没有实质意义上的固体表面。科学家认为这颗星球的核心比木星的要小，但是基本成分是一样的，都是首先在厚厚的大气下包裹一层液态氢，然后又一层液态金属氢，最里则是一个被岩石包围的致密金属核心。这颗星球被条纹状的云层所覆盖，四周盘旋着风暴和急流。

这张土星的伪色图是由卡西尼号在2016年使用红外滤光片收集的数据生成的。这些滤光片对甲烷和光的散射与吸收很敏感，从而有助于揭示云层的深度及结构。星球上相邻的云带以不同的速度与方向流动，在彼此的边缘互相干扰，并形成湍流。

初见木星

　　伽利略在1610年第一次看到了木星环（参见第97页），当时他并不知道木星环是什么，并且这些行星环在他的望远镜里不停变化，时有时无，这让当时的他感到十分困惑。

　　此时他观测到的这些东西一点也不明显，起初他以为这颗星球有两颗超大的卫星，分别位居星球两端，可是当他两年后再度观测的时候，"卫星"又消失了。地球上的人们每隔29.5年会无法观测到土星环两次，因为土星环会旋转到与人们的视角正好相对的角度（参见下图），所以此时即便使用很强力的望远镜也无法观测土星环。当"卫星"重新出现时，伽利略认为这是木星的某种"武器"，不过碍于观测条件他也没有对此做更多解释了。

土星环十分薄，当土星绕着地球运转，就我们从地球上观测的角度而言，土星环就会发生一系列变化。从这些照片中我们可以看到几颗土星的卫星，在第二张照片中土星最大的卫星土卫六的阴影就在星球的左下方。

　　土星环随后在1626年、1642年与1655年再度消失。随后越来越多的天文学家使用自己的望远镜开始观察土星，约翰内斯·赫维留斯（Johannes Hevelius）在1656年发表了一整套他自己认为可以行得通的关于土星的运行系统，他认为土星整体是椭圆形的，在星球的主（长）轴末端附着着两个月牙状物体（就好像土星的"耳朵"），当星球绕着其短轴旋转时，由于正对着星球的侧面我们就有可能只能看到宽面而看不到月牙状物体。赫维留斯的这套理论的确可以解释我们所看到的现象，可是这样的理论对于一颗星体来说实在是有些奇怪。

　　随后，一位著名的建筑师克里斯托弗·雷恩（Christopher Wren）在1658年给出了另一个更为合理的解释：他认为星球表面有一层如同薄膜的日冕围绕着行星，当这层薄膜正对着我们的时候我们就没办法观测到它。随后在1659年，惠更斯提出了一个更接近正确答案的解释：他认为星球周围围绕着一圈扁平的圆盘，这个圆盘不会接触到星体，而且当圆盘正对着我们的时候我们是观测不到它的。

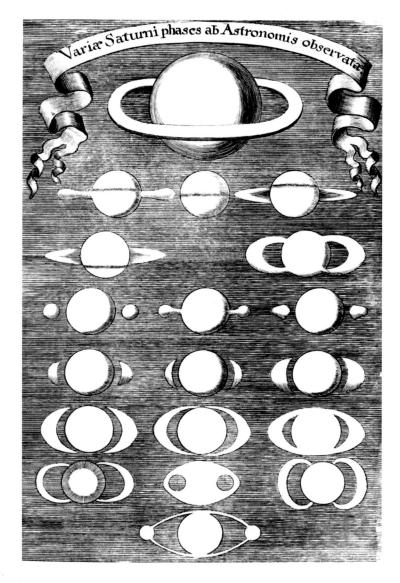

摘自约翰·扎恩（Johann Zahn）于1969年发表的《土星的变化》（appearance of Saturn），土星的外观以29年为一周期不断变化着，星球地轴的倾斜意味着当行星环正对着地球的时候人们几乎无法观测到行星环的存在。

虽然惠更斯对于行星环的认知基本上是正确的，可是他仍旧弄错了一点——他错误地认为行星环是固态的。当时的其他天文学家都认为行星环是由许多碎片状的未知物质拼凑而成的，这些未知物质环绕着土星运转从而形成了行星环。

在1787年，皮埃尔-西蒙·拉普拉斯（Pierre-Simon Laplace）首次证明了一个单一固态实心环是没有办法保持稳定状态的，他随后提出了另一个嵌套离散行星环模型，在此，模型里的行星环仍旧是单一存在的状态，只不过这个行星环不是以实心固态的状态环绕着土星。惠更斯发表自己的理论200年之后，时间来到了1858年，物理学家詹姆斯·克拉克·马克斯韦尔（James Clerk Maxwell）发表了自己对于土星环的看法，从力学的角度而言木星环不可能是纯固体状态的，也不可能是连续的流体状态，组成行星环的每一个粒子直径都不应该超过10厘米。

下图： 惠更斯对于土星的解决方案为人们解释了在各种状态下土星形象的具体状态。

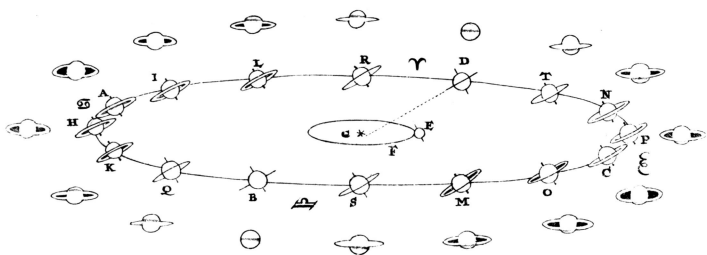

卡西尼号拍摄的土星环俯视图，2013年

　　这张从上至下拍摄的土星图像为我们展示了一派从地球上完全无法观测到的景象，在这张图中除了阴影部分外，土星环清晰可见，而将土星环分划为两个区域的黑线名为卡西尼环缝（Cassini Division），这条环缝宽达4700千米（约2920英里）。

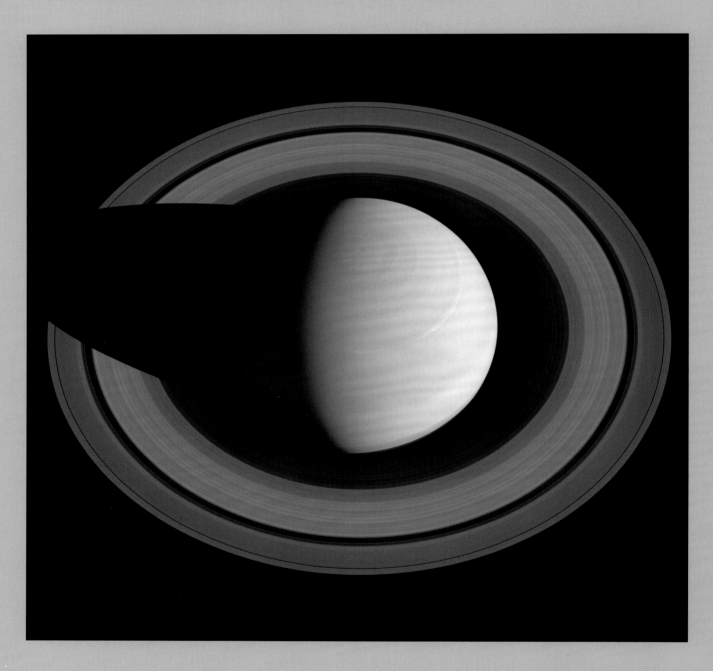

NASA／美国科罗拉多大学联合绘制的土星环，2006年

　　土星环中的每个单环都是由大量的冰颗粒和约0.1%的硅酸盐岩石或者有机化合物混合而成，这样的组成也使得它们呈现出微红色。这些颗粒中最小的跟沙粒差不多大，最大的则跟山一样大，大多数颗粒的大小在1—10厘米（0.4—4英寸）。

　　通过这张伪色图我们可以清楚地认识到每个环都由不同的物质组成，不同的颜色代表了行星环内的物质不同的运行方向，而不同的亮度则代表了行星环中粒子的密度大小。这些粒子的密度是通过测量从土星后面的一颗恒星穿透星环的光量来计算的。在上图的蓝色区域中，行星环中的粒子在重力的牵引作用下集中在行星环倾斜的运行轨迹上，而在黄色区域中，粒子的密度太大，导致任何光线都无法通过。这张照片的数据是由卡西尼号飞船于2006年收集的。

土星环近景图，分别绘制于1984年与2007年

　　绘制上图的艺术家马蒂·皮特森（Marty Peterson）与威廉·K.哈特曼（William K. Hartmann）的灵感来源主要是基于20世纪80年代的行星科学研究所（Planetary Science Institute）的研究。冰块在太空中形成松散的团状，通常有几米长，然后这些团状冰在与其他物质的碰撞之中不断循环改进内部的物质构造。土星环上每隔半个小时就会有游泳池大小的冰块掉到土星上，整个土星环中冰的质量大概是南极冰盖质量的一半，但是这些冰所覆盖的面积却有80个地球的表面积之多。

　　来自卡西尼号的数据显示，这些土星环可能是近段时间（过去1000万年到1亿年间）新形成的，行星环正在逐渐消弭，可能会在未来的1亿年之内彻底消失。这些环的短暂寿命（2亿年左右）让我们知道，在除了土星之外的其他气态巨行星以及冰巨星上可能曾有行星环的存在，未来也可能会诞生新的行星环，只不过这些盛景我们可能没办法看到了。

卡西尼号拍摄的C环与B环，2004年

C环与B环（C环位居左侧，B环位居右侧）的这张上色图为我们展示了这些行星环上有多"脏"。最"脏"的行星环（带有岩石尘屑）被标记的红色更深，而冰更多、更"干净"的行星环则在图中末端用蓝色标出。

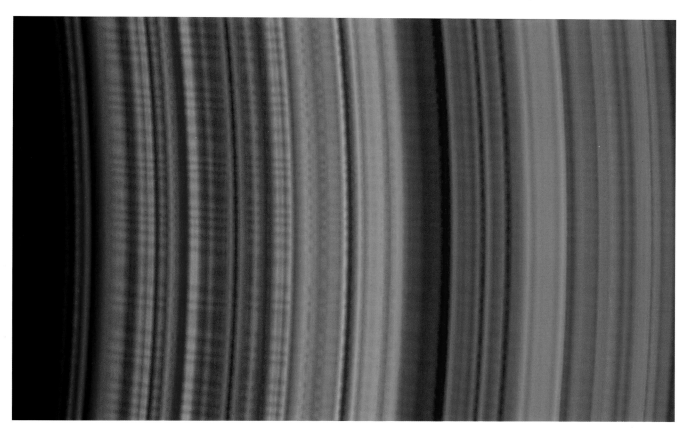

卡西尼号拍摄的B环与C环近景照片，2009年

卡西尼拍摄的C环与B环图片展示了这些行星环是如何由较小的环与更为狭窄的缝隙组成的。卡西尼号距离行星环中心约200万千米（约124万英里），这些行星环的厚度多为10米（约30英尺）左右，不过也有特例，在一些结构突出或呈波浪状的"高峰"处，其行星环厚度可达3千米（约2英里）。

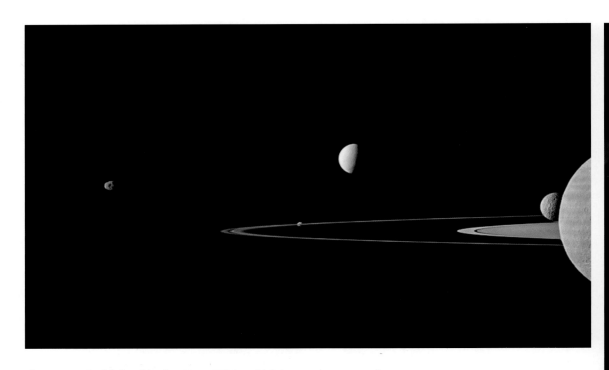

卡西尼号拍摄的土星卫星及土星环，2011年

卡西尼号拍摄的这张照片包括土星的5颗卫星，土卫十在图片的最左侧，而土卫十七（Pandora）则刚好位于土星环中间的薄环上，而最明亮的土卫二正好在土卫十七之上，土卫五（图中最大的星体）是图中右边显示不完全的星体，土卫一则处在其左侧。这张照片是在距离土卫五110万千米（约68.4万英里）的地方拍摄的。这些卫星对土星环而言非常重要，因为它们为土星环提供了必需的物质，同时"引领"着土星环的形成与运行。这些卫星通常在土星环内或之间绕土星运行，它们的重力也为这些土星环清出了一条条通道。

土星卫星的图像以及信息起初是由旅行者号与先驱者号经过土星时发射回来的，不过日后随着卡西尼号绕着土星勘测才真正揭示了更多卫星与星球的细节。时至今日仍有许多小卫星的图片我们还没办法拍到，对于这些小卫星我们也知之甚少，它们可能形成时间较晚，或者是最近才被土星的引力所捕获，抑或是正在形成的过程当中。土星只有一个像木星的4颗伽利略卫星大小的卫星（土卫六），土星也许有过其他巨大卫星，但是它们可能被陨石击碎，或者是被土星的引力扯得四分五裂了，而这些曾经的大卫星的残骸构成了一些较小的卫星。

卡西尼号拍摄的F环，2009年

卡西尼号还勘测到了一个更为巨大的、几乎看不见的环，这个环的大小远远超过了土星的整个星环系统。这个星环从离土星600万千米（约370万英里）的地方开始，随后又延伸了1200万千米（约740万英里）。这个星环被人们发现于红外图像中，随后被绘制出来，而在这块星环中间的土星变成了一个很小的点（参见右图）。

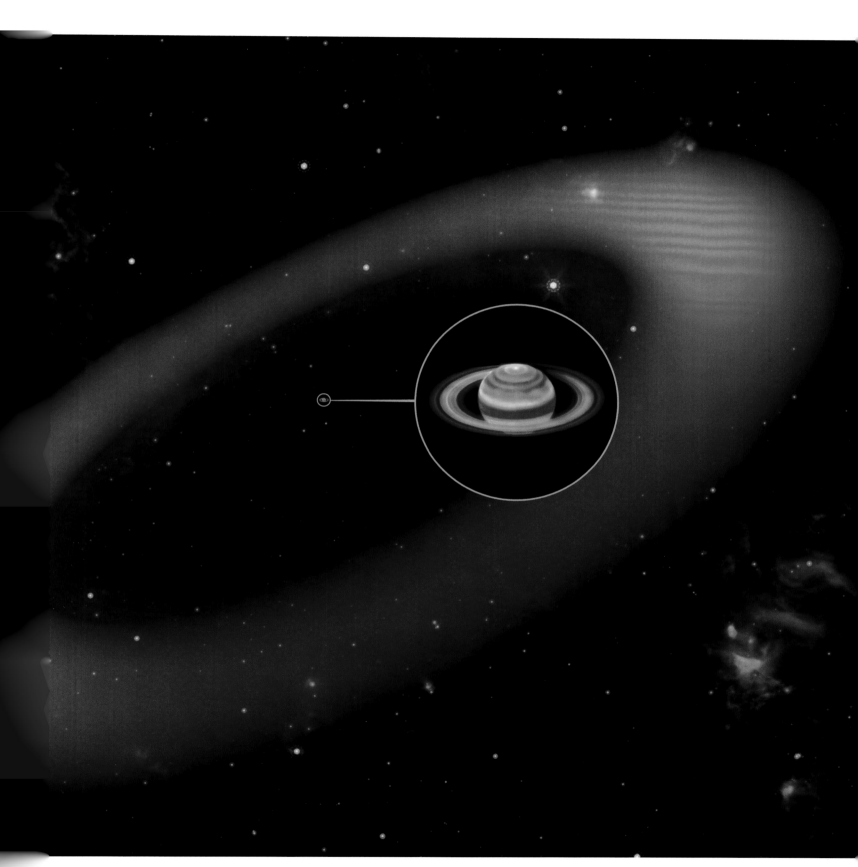

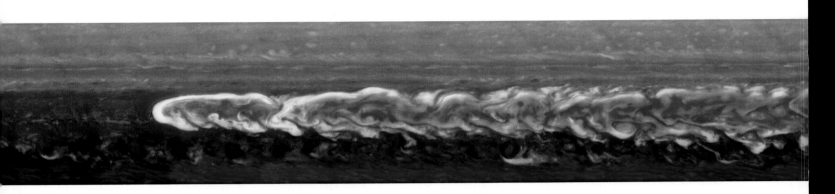

NASA拍摄的土星上的风暴，2011年

土星是太阳系中风力最大的地方之一，土星上的云层以急流与风暴的形式环绕着整颗星球。在土星赤道上方的高层大气中风速高达1800千米／小时（1118英里／小时）。土星共有三层云：顶层是氨云，第二层则是硫化氢铵云，第三层则是水聚集形成的云。在最顶层的云上方是一大圈烟雾，土星上方的巨大风暴比地球的体积还大，这些风暴周期性地穿过云层，照片中的白色区域代表的就是这些风暴，而较小的风暴看起来则像一个个黑色的小点。上面的伪色图为我们展示了一场大小与整个欧洲差不多的风暴，整片区域的颜色被特殊处理使得人们更容易从中看到云层的图案。风暴的头部在左侧，而中心附近有一个旋涡存在。厚度最大的云看起来是白色的。

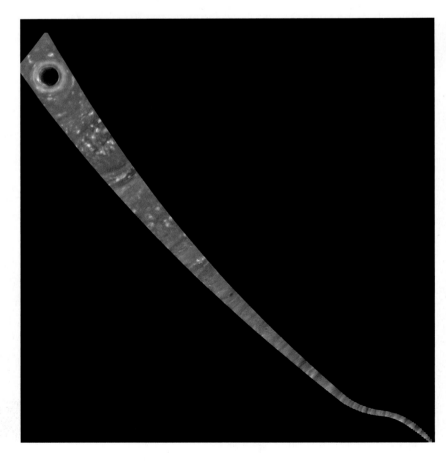

卡西尼号拍摄的土星的极地六边形风暴，2017年

在土星的北极正上方，6股急流围绕着一个中心旋涡而制造出一个独特的六边形风暴（参见对页图）。四周的云汇聚起来形成了一座几百千米高的云塔。卡西尼号拍摄的这张伪色图为我们清晰地展示了这座云塔的结构。

左图是卡西尼号于2017年最后一次执行任务，俯冲土星大气层时拍摄的图片。这一组镜头代表了从土星北极上方的旋涡中向土星加速冲刺的过程。任务一开始，卡西尼号位于土星云层72400千米（约45000英里）高的太空中，到图片的终点时卡西尼号离土星只有8374千米（约5200英里）远了。

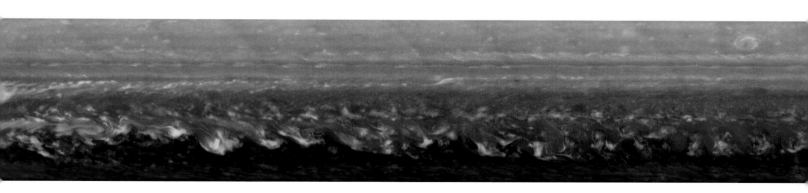

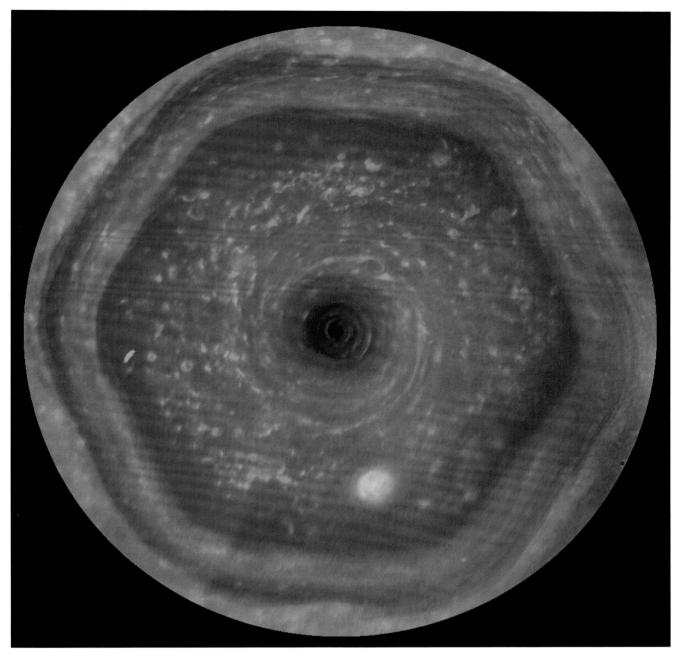

卡西尼号拍摄的极地六边形中的季节变化图，2013—2017年

　　卡西尼号拍摄的这些真彩色照片为我们展示了极地六边形以及其四周的云的季节性颜色变化。第一张照片拍摄于2013年，第二张则拍摄于2017年。由于土星上的一年是29.4个地球年，所以这段时间大概正好记录了土星上大约七分之一年的变化。这4年对应的是土星北半球春季的后半段时期，在

这段时期里，太阳的紫外线开始照射到土星的大气层，并开始形成光化学气溶胶，它们在土星的上空开始形成烟雾。六边形旋涡的中心点的颜色可能在这4年里都没有变化，仍旧是蓝色的，这可能是因为北极点是最后一个暴露在太阳紫外线中的地方，或者是因为旋涡中心的气流是向下的（就好像在地球上的飓风一样），这使得风暴最中心的区域远离了云层上方的雾霾。

土星的卫星

土星至少拥有83颗已确定轨道的卫星（2019年数据），惠更斯于1655年发现了土星的第一颗也是最大的卫星——土卫六，卡西尼随后在同一个世纪里发现了另外4颗卫星，赫谢尔在100年之后又发现了2颗。随着卡西尼号与旅行者号的升天，更多的小型土星卫星也被人们发现。土星拥有24颗规则卫星，余下平均直径介于4千米至213千米之间的小卫星统称"不规则卫星"。

运行中的卫星

土卫十五、土卫三十五以及土卫十八是所有土星卫星中比较小的几颗，它们太小了以至于无法变为球体，因为一颗天体想要变成球体需要足够的质量使得重力将星球地表向内拉，并同时施加足够的力让其表面变得十分均匀。这些卫星虽小，可是每一颗都有着自己的"任务"：发现于1980年的土卫十五引导形成了土星的A环，不过这片星环是个十分微薄的小星环，土卫十五赤道上厚厚的隆起可能就是吸收了A环上的尘埃堆积而形成的。土卫三十五则控制着基勒环缝（Keeler Gap），这是A环上的一个42千米（约26英里）宽的环形缺口，2008年发现的土卫三十五的直径只有8千米（约5英里）。发现于1990年的土卫十八看起来像一个饺子，它的赤道上有一层十分清晰的山脊，这颗卫星也是所有被命名的卫星里离土星最近的，它的长宽分别只有35千米和23千米。

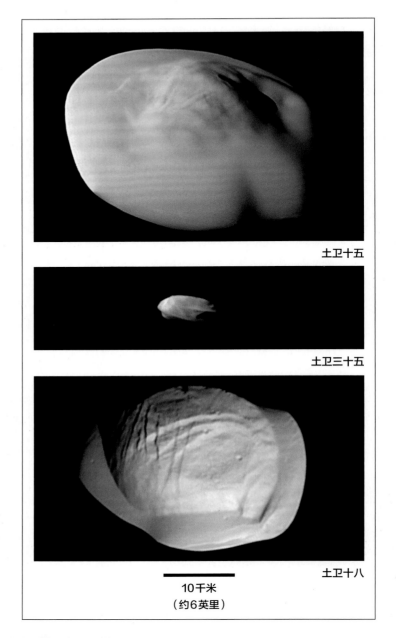

土卫十五

土卫三十五

土卫十八

10千米
（约6英里）

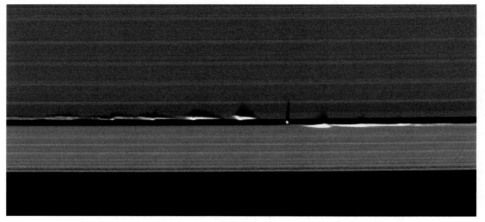

上图： 土星的3颗"牧羊人"卫星：土卫十五、土卫三十五以及土卫十八，图片拍摄于2017年。

左图： 1颗"牧羊人"卫星正在运行，基勒环缝两边的小扰动显示出了土卫三十五对于环缝的影响，在图中土卫三十五只是一个明亮的小点。星环上的颗粒被这颗卫星所吸引，不过由于星球体积很小，它的引力又不至于让这些颗粒在本体上堆积，在土卫三十五离开之后，这些颗粒又回归到原来所在的位置。

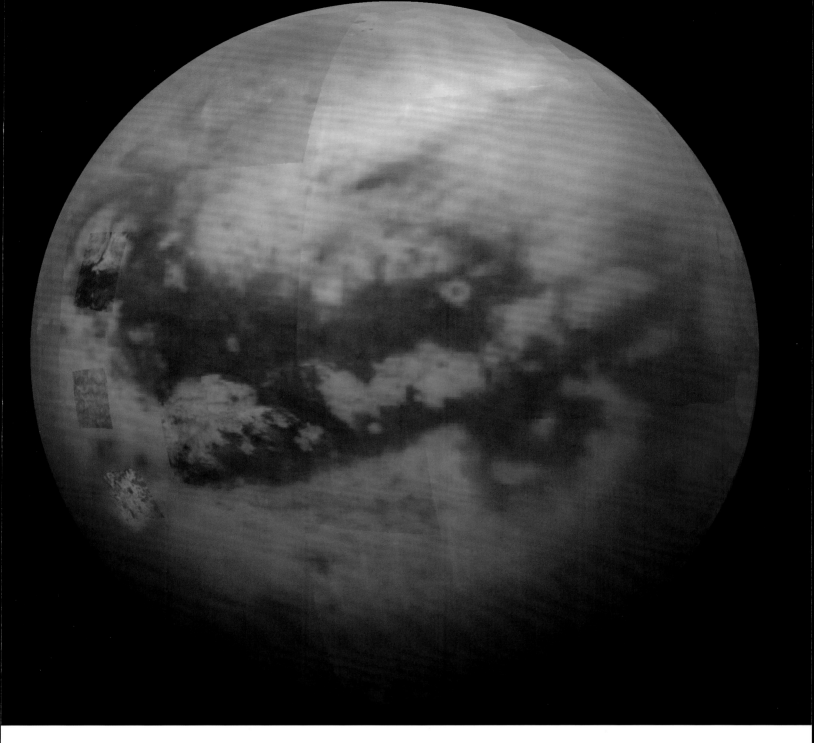

卡西尼号拍摄的土卫六，2015年

　　土卫六是土星最大的一颗卫星，它的体积比月亮和水星都要大。从太空上看，这颗星球的地表隐藏在氮和甲烷构成的稠密大气中。在大气层之上则是一层碳氢化合物所构成的浓雾，其中包括了很多自然生成的塑料丙烯。土卫六也是太阳系中唯一一颗拥有浓厚大气层的卫星。上图为我们展示的是使用红外线勘测到的星球地表特征，星球北部平缓、黑暗而又多沙丘的地带被称为芬萨尔地区（Fensal），而拥有同样地貌的南部区域名为阿兹特兰地区（Aztlan），同时我们还可以看到土卫六上最大的撞击坑：门尔瓦撞击坑（Menrva，位于地图的左上区域）。

土卫六上的沙尘暴，绘于2018年

科学家认为土卫六大气层下的地壳共有4层，星球的岩石核心被一层高压水冰所包裹，水冰上则是一层含盐液体与一层冰壳。冰壳上覆盖着由固态碳氢化合物组成的尘埃，这些碳氢化合物在云层中形成并落到地面。星球上周期性的沙尘暴覆盖了地表的每一寸陆地，星球赤道的附近都堆积起了黑色的沙丘。

惠更斯号拍摄的土卫六地貌近景图，2005年

欧洲航天局发射的卡西尼号上搭载的惠更斯号（Huygens）探测器于2005年首次发回关于土卫六的相关信息，这也是人类首次了解到土卫六云层下的真实面貌。惠更斯号发回的图片为我们展示了土卫六上崎岖的高地、深谷以及曾经的碳氢化合物河流干涸留下的景象。星球的地表是由岩石般坚硬的冰壳构成的，地表温度低至-179℃（-290℉）。

卡西尼号拍摄的土卫六北极附近的甲烷海，2004—2013年

土卫六上大部分的液体物质都聚集在北极附近，因此北极周遭拥有广阔的海洋以及四散开来的湖泊。 这张复合雷达图像由卡西尼号收集的数据制成，图中蓝色与黑色的部分均代表有液体存在，而黄色与棕色区域则代表地面部分。 这些液体在土卫六地表的分布非常不均匀，星球上97%的海洋与湖泊分散在这块900千米×1800千米的土地上。 图中的白色区域尚未被测绘。

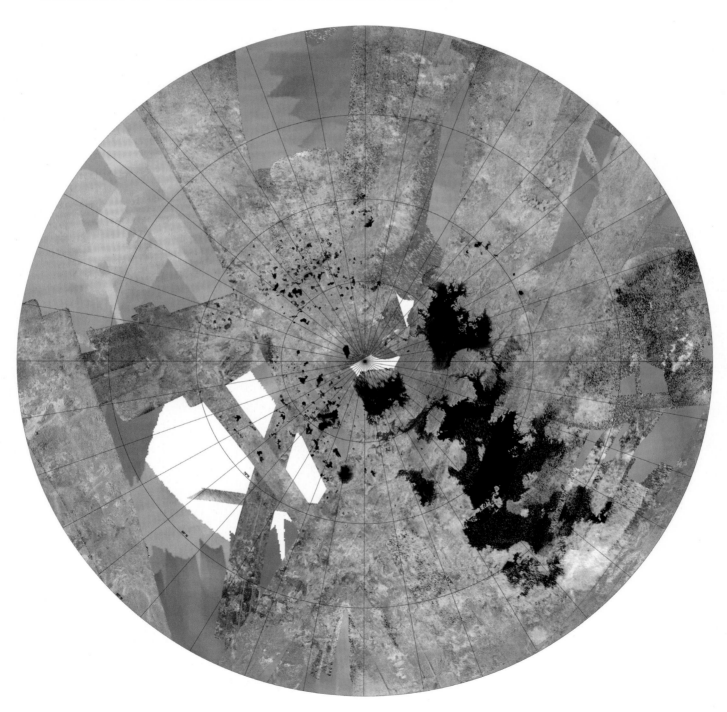

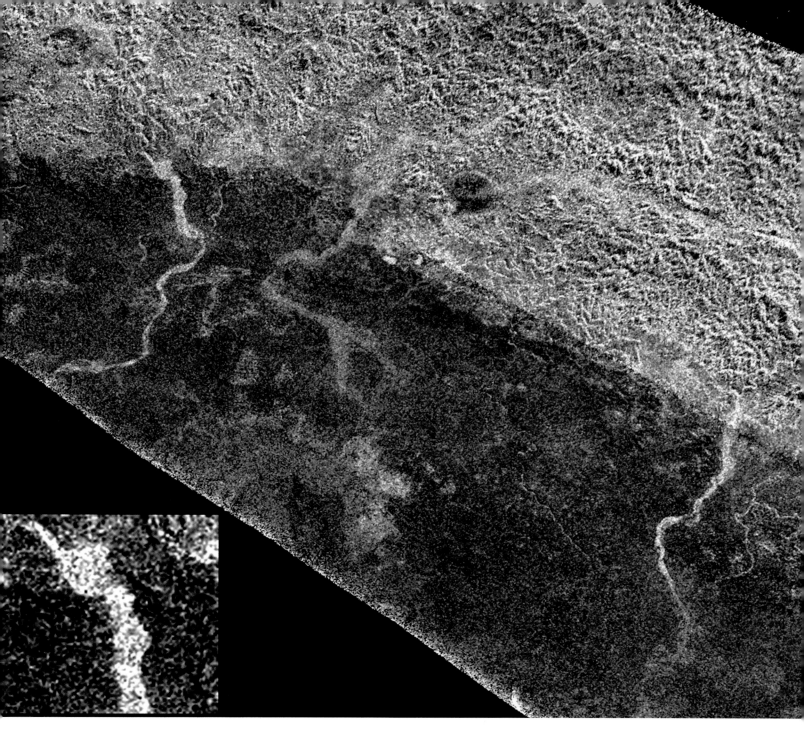

卡西尼号拍摄的土卫六上的河床，2008年

　　土卫六上拥有十分完整的液态循环，河流、湖泊、海洋一应俱全，地表蒸发的液体聚集后又变成雨返回地面。在太阳系中只有地球上有着类似的周期循环，只不过地球上循环的是水，而在土卫六上循环的则是液态甲烷（天然气）。除了液态循环，土卫六上还可能存在火山活动，大量的液态水在地表下取代了熔岩的位置，这些熔岩转而就喷涌到了地面。上面这幅图像展示了与地球上相似的流动水迹象，卡西尼号拍摄的这张照片上，曲折的黑线代表的是土卫六的上都（Xanadu）区域，在这片区域中一条条通道随着液体的流动被开辟出来。

卡西尼号拍摄的土卫二，2005年

　　土卫二整颗星球被冰所包围，星球表面被一层厚达30—40千米（19—25英里）的冰层所包裹，而隐藏在冰层下的是一片深10千米（约6英里）的咸水海洋。这颗卫星直径只有500千米（约310英里），同时它也是整个太阳系中最反光的天体（因为星球表面都是冰），土卫二公转一周只需要33个小时。星球上清晰可见的蓝色"虎纹"是地表巨大的冰裂缝，长130千米（约80英里）、宽2千米（约1.2英里）、深500米（约1640英尺）。裂缝处的温度比周围环境的温度高100℃左右，伴随着卡西尼号观测时间的推移，星球地表上出现了越来越多的"虎纹"，随后许多水和冰从裂缝中喷射出来涌向太空，最后这些水冰成了土星星环中E环的一部分。这些喷射向太空中的物质里除了水冰还有许多复杂的碳氢化合物，这些化合物来自星球的地下海洋，这颗星球里的水、能量与碳氢化合物也使得生命的存在成了可能。这张土卫二的伪色图是由卡西尼号使用紫外线、红外线与可见光拍摄的21张图像拼成的。

NASA ESA JPL SSI Cassini

喷射出来的水冰以每小时1290千米（约800英里）的速度冲向土卫二周围的太空中。

卡西尼号拍摄的土卫七，2005年

土卫七被人类发现于1848年，这颗卫星长得像一块土豆状海绵，这也是太阳系中最大的非球形卫星。这颗星球上的陨石坑都很深，这颗星球的密度很低，科学家因此推测星球内部可能存在着一个巨大的洞穴系统。

卡西尼号拍摄的土卫一，2017年

土卫一由威廉·赫谢尔于1789年发现，这也是太阳系里地表陨石坑最多的天体之一，这颗卫星主要由水冰以及少量岩石组成。由于没有任何气候条件来抹去它们的存在，星球地表的陨石坑们记载了这颗星球自诞生以来的所有历史。星球上最大的地标，也是最大的一个陨石坑是赫谢尔陨石坑（Herschel Crater），它的直径长达130千米（约80英里），是地球直径的三分之一。陨石坑的岩壁高达5千米（约3英里），而中心撞击最深处则达6千米（约3.5英里）。这颗卫星另一侧被称为深谷群（chasmata）的大裂缝可能是由陨石撞击所产生的冲击波造成的，这颗陨石的撞击不仅形成了星球地表最大的陨石坑，还差点把整个星球炸开。土卫一距离土星只有18.6万千米（约11.5万英里），星球公转一周只需要22.5小时。

卡西尼号拍摄的土卫八，2007年

土星的第三大卫星土卫八的表面颜色对比鲜明，星球一面黑如煤炭、略带红色，而另一面则是亮白色。卡西尼号于2007年9月飞经这颗星球时所勘测到的证据表明，星球外部飞来的尘埃互相混合，再加上星球上的冰从温暖带（黑色区域）向寒冷带（白色区域）迁移导致了这样的颜色差异。科学家认为土卫八是由四分之三的水冰与四分之一的岩石所构成的。

第三章

冰封死星：
冰壳下的岩浆星球

海王星与天王星这两颗冰巨星位于气态巨行星之外，它们的学名"冰巨星"也提示我们这两颗星球上的世界里充满了凝固的水。不过除了水，这些冰巨星上还有其他远远超过我们想象的物质存在。冰巨星由水、氨与甲烷组成，星球内部是泥状而不是固态的，星球里"冰"的存在状态很奇怪，是融点很高的"热冰"，所以这些星球上的冰"既冷又热"。这些冰巨星离地球太远，以至于古代的人们没办法想象这些冰巨星也是"行星"。海王星在地球上无法用肉眼看见，天王星的距离又太过遥远，以至于它在宇宙中的运行异常缓慢，人们当然想象不到它们都是真正的"行星"。

距离地球最遥远的两颗行星——天王星（参见左图）与海王星（参见右图），这些照片是由目前为止唯一造访过它们的探测器旅行者2号拍摄的。

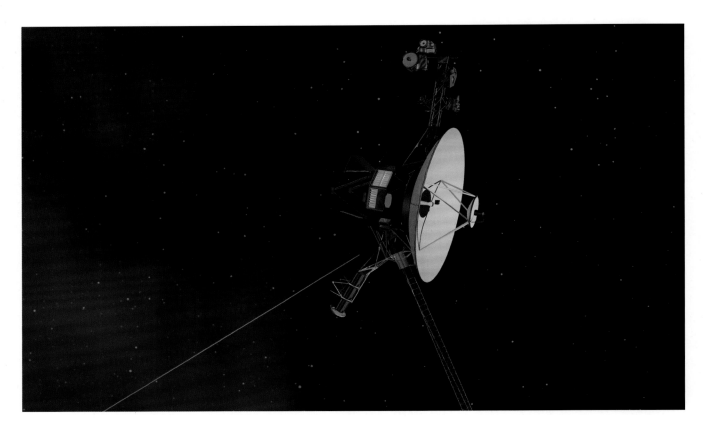

神秘之地

我们对于天王星与海王星的了解远远少于其他行星。从18世纪开始人们就开始使用望远镜观测这两颗星球，可是到目前为止我们只发射过一颗"拜访"它们的探测器——旅行者2号在30年前曾飞经这2颗冰巨星。海王星与天王星的大气层都是由83%的氢、15%的氦、2%的甲烷以及其他碳氢化合物构成的。这些星球68%的质量是由冰占据的，不过就像前文所述，这些星球上的冰并不总是"冷冰冰的"。在冰巨星里，液态水、氨和甲烷在巨大的压力之下被不停地压缩，最后形成了一层黏稠的"热冰"。

旅行者1号的运行轨迹（实线部分）   旅行者2号的运行轨迹（虚线部分）

旅行者1号发射于1977年9月5日   旅行者2号发射于1977年8月20日

1979年5月5日到达木星

1979年7月9日到达木星

1980年11月12日到达土星

1981年8月25日到达土星

旅行者2号

1989年8月25日到达海王星

1986年1月24日到达天王星

旅行者1号

旅行者1号和旅行者2号这一对探测器共同发射于1977年，在飞经太阳系中离地球更远的几颗"外行星"之后，现如今它们已进入更遥远的外太空进行探索。

钻石雨

　　目前为止，冰巨星内部的动态结构的具体细节我们还不清楚，当下人们认为水和氨可以作为带电液体存在，随后甲烷冷凝成为碳与氢，冷凝出来的碳结晶后会形成钻石，这样形成的钻石可能会在星球上形成钻石雨（或者钻石冰雹）。2017年，科学家开始在实验室内模仿海王星内部的环境——温度2000—3000开尔文，气压为地球上的10万至50万倍，随后科学家成功地在碳氢化合物中合成了一种固态钻石混合物。如果钻石雨下落到海王星，它们并不会停留在星球的名义表面上，而是会下沉到7000千米以下的地方。海王星产生的热能是天王星的10倍之多，比从太阳那里获得的热量还要多。这些钻石雨可能是海王星内部的燃料，这些掉到地核附近的钻石可以将自身的重力势能转化为星球内部的热能。

未来的星图绘制机会

　　这两颗冰巨星都离太阳非常非常远，它们的轨道半径都长达数十亿千米。因此，想要造访这两颗星球需要慎重把握时间，在这两颗星球最接近地球的运转轨道时发射探测器，而且由于这两颗星球公转一周的时间都非常之久（天王星公转一周84.8年，海王星公转一周164.8年），所以要找到同时造访这两颗星球的最佳时机非常困难。不过幸运的是，下一次向海王星发射探测器的时间已经很近了（2029—2034年），在探测器发射之后它需要10年到13年的时间抵达目的星球。目前已经有一个前往冰巨星探测的任务正在计划中。

冰巨星内部可能的结构：在大气层下很有可能是一个液态的地幔，更深处可能是"泥状"的，随后是一层冰质的外层核心，最后是半液态的熔融金属与岩石构成的行星内核。

天王星

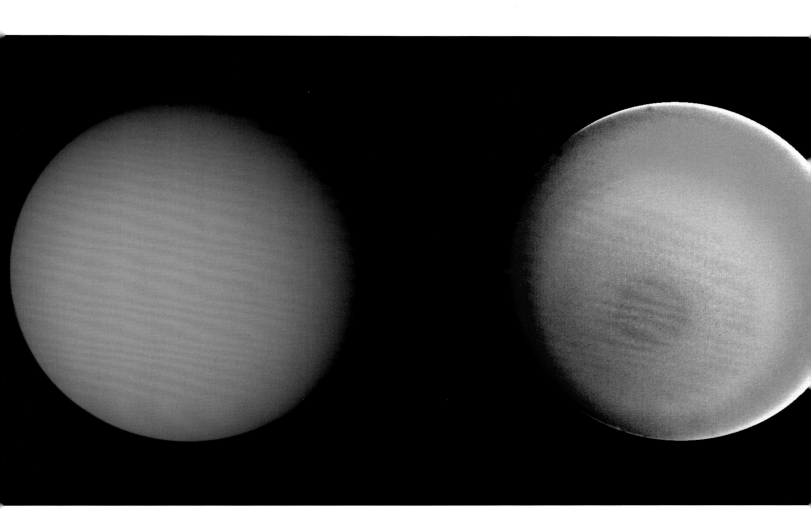

天王星的伪色图（右上方）为我们展示了这颗星球上的细微差别，用肉眼看来这颗星球完全由一种颜色构成。这种差异产生的现象尚且不得而知，不过科学家现在认为这种差异是由集中在天王星北极上空的棕色薄雾以带状形式在高层大气中移动所导致的。

星球特征	天王星
公转周期	84.01年
公转周期	17小时14分钟
质量	地球质量×14.54
半径	地球半径×4.01
与太阳的平均距离	约28.77亿千米
卫星数量	27
发现时间	威廉·赫谢尔发现于1781年
曾经飞经天王星的探测器	旅行者2号（1986年）

与太阳系中其他行星都不同，天王星的赤道与星球呈98°，星球的星环则与其绕太阳运行的轨道平面几乎垂直，星球的极点还位于水平轴上。科学家认为天王星的这种奇特造型是很久之前的一次行星间的剧烈碰撞造成的。金星作为太阳系中为数不多以极为缓慢的速度逆行自转的行星，也被科学家认为是这次剧烈碰撞的"受害者"。天王星的地轴倾斜意味着当赤道附近拥有正常的昼夜交替时（昼夜时长相同），星球南极与北极会经历长达42年的极昼与极夜。

计算器模拟显示，撞击天王星的是一颗岩石行星，大小约为地球的2倍，这颗星球斜向撞击天王星，在星球上的物质因为撞击发生爆炸，并逸散而出，整颗小行星随之破裂并整体落入天王星里，剩余的一些碎片则在天王星四周形成卫星以及一个微弱的星环系统。天王星地幔里错综复杂的岩石组成解释了整颗星球不规则的磁场分布。不过虽然天王星在这次撞击中受损严重，其整体大气层仍然没有被完全摧毁，天王星绕太阳运行的轨道也并没有改变。

第一颗 "新行星"

天王星是由业余天文学家威廉·赫谢尔于1781年发现的。赫谢尔自己搭建了十分高质量的望远镜，随后开始寻找太空中的双星系统（指紧密相连的两颗行星）。从1779年开始，他开始观察他所能看到的每一颗明亮的恒星，1781年，他发现了一颗相对于背景恒星运动的天体，它的运动状态反映出这个天体并不是一颗恒星，而是太阳系中的一颗普通天体而已。赫谢尔在当时假设它是一颗彗星，随后他通知了专业的天文学家，这些天文学家很快绘制出这个天体的轨道。不过随后天文学家发现赫谢尔发现的这个天体很显然是一颗行星，它离太阳非常远，而且从未被其他人发现过。

天王星是用天文望远镜发现的第一颗行星，它的发现也使得赫谢尔一举成名。当时他提议以英国国王乔治的名字来命名这颗恒星，不过提议没有通过，随后这颗行星跟其他太阳系里的恒星一样以古代神话里的神祇命名。不过虽然提议没有通过，国王仍旧给了赫谢尔一笔丰厚的养老金，以便他能够搭建更多的望远镜，他也因此放弃了日常工作，成了一名全职天文学家。

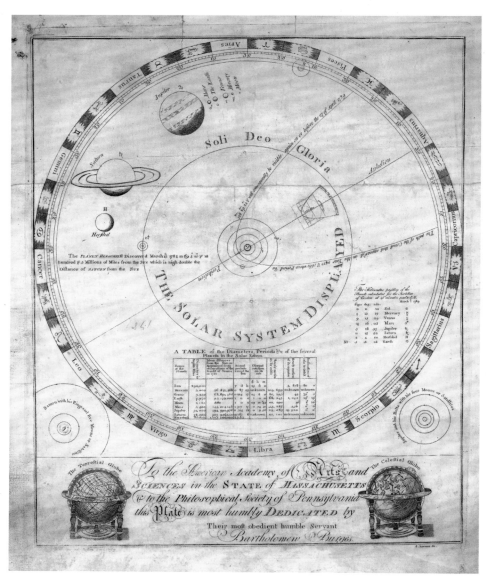

这张1789年出版的太阳系地图为我们展示了土星、木星与天王星（图中以Herschel，即发现者的姓名标记）共同运行于一个远离内行星的轨道带内，不过这张地图上并没有分别标明这3颗行星的具体轨道。

容易看错的行星

　　天王星公转一周需要84年，这意味着它在背景行星上的相对运动速度非常缓慢，因此早期的天文学家认为它是静止的。西帕库斯在公元前128年第一次将天王星记录为"星体"（star）。

左图： 旅行者2号于1986年拍摄的天王星照片（自然颜色），它看起来是一个毫无特点的行星。

蓝色的天空和云

　　天王星从太空中看起来是蓝色的，这是因为星球大气里的甲烷反射蓝色的光。星球上的风暴与厚厚的云层并不像气态巨行星上那样剧烈，天王星的外观看起来十分均匀，因为星球大气中的云层厚度非常大。在大气层的最顶端是硫化氢——如果我们有机会造访天王星，它的气味闻起来会像臭鸡蛋一样。跟气态巨行星一样，星球上部分大气自身的运转速度甚至比星球的自转速度还快。在星球某些纬度上，风速非常非常快，以至于这些风暴可以在不到一天的时间内绕整个星球转一圈。

哈勃望远镜于2000年拍摄的图片为我们展示了星球的4个主星环以及10颗卫星。这幅伪色图为我们展示了掩藏在均匀大气层底下的云带。

哈勃望远镜记录的天王星星环的变化，2003—2007年

人们于1977年在天王星的四周发现了5个星环，不久之后又发现了另外4个，最后又由旅行者号探测器于1986年发现了2个星环。2005年，哈勃望远镜又观测到了另外2个外星环，它们的存在十分微弱，同时距离星球的距离更远。自从勘测到了这些星环以来，科学家还没有足够的时间对它们进行全轨道勘测。1797年，赫谢尔称自己可以看到一层红色的环状物，不过在那之后他本人和其他科学家都没有再提到过这个环状物。这些星环的状态过于微弱，以至于赫谢尔当时完全无法观测到，他所描述的环状物也只与天王星其中一个外星环相符。

右图为我们展示了星环的外观是如何随着时间改变的。天王星自身反射的光被星环层层挡住，这颗星球直到后来才被纳入人们观测的行列中，从而得到了星球的具体位置以及体积大小等数据。"为了"能够阻挡住星球表面所反射的光，星环本身并不会碰到星球表面，而环居于星球四周。

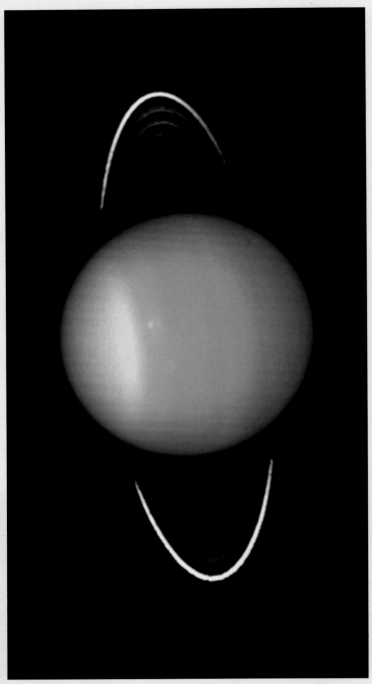

2003

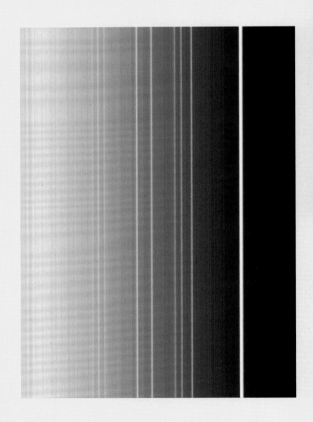

旅行者2号拍摄的星环伪色图，1986年

这张天王星内星环的伪色图清晰地为我们展示了这些星环的模样。与那些气态巨行星的星环不同，天王星的星环并不是由冰所构成的，而是由非常小且黑色的粒子构成的。最明亮的星环里的粒子尺寸为0.2米—20米（8英寸—65英尺），整个星环的

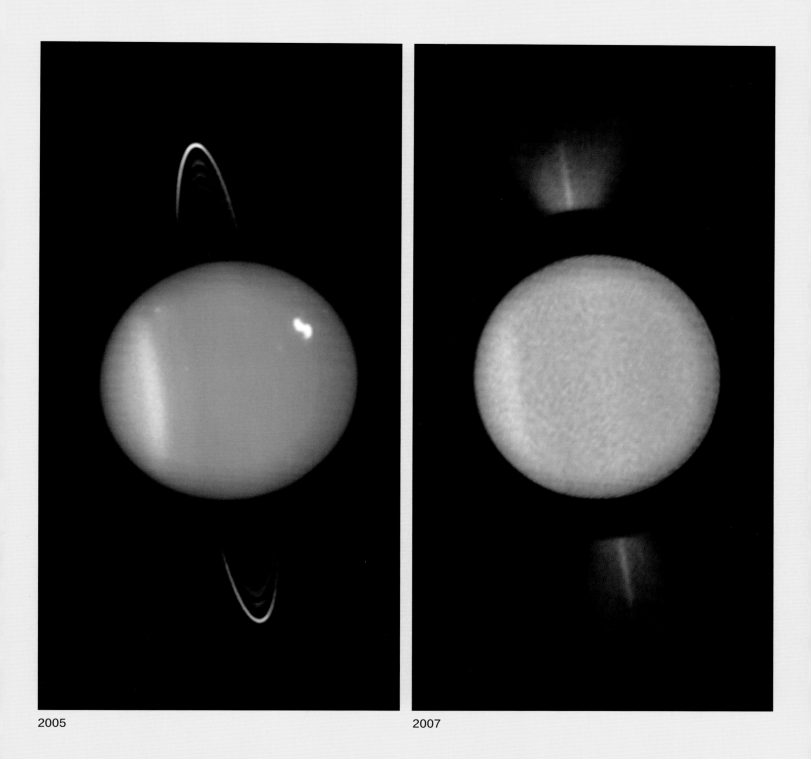

2005

2007

厚度仅为150米（约492英尺）。这张照片拍摄时探测器离星环距离为4200万千米（约2600万英里），整张照片从左往右依次是ε环、δ环、γ环、η环、β环、α环、4环与6环。环与环之间的空间并不清晰，因为这些空间被直径更小的尘埃所占据。这些星环的存在可能是一颗卫星爆炸所带来的结果，人们认为这些星环的"年龄"最大已经有6亿年了。

天王星的星环

　　天王星有27颗卫星，其中5颗是旅行者2号于1986年拍摄的，不过迄今为止人们还没有绘制出任何一颗卫星的详细地图。所有卫星的轨道都绕着天王星的赤道面，这样的现象意味着这颗星球跟地球一样是"侧卧"着的（两极在顶点，赤道在中间），因此这颗星球的两极上正经历着42年一周期的极昼与极夜。这也意味着探测器无法拍摄这些卫星的北半球，因为这些卫星的北半球在运行过程中都处于黑暗中。

　　天王星的主卫星基本上都是一半水冰、一半岩石的构成方式，而星球上的碳水化合物则让星球附带上更深的颜色。所有的天王星主卫星全都被其产生的潮汐力牢牢锁定，所以在天王星上永远都只能看到这几颗星球的其中一面。这些卫星全都是规则卫星，正向运转（旋转方向与天王星相同），出现这种现象可能是因为这些卫星都是在同一时间形成的。除了几颗主卫星外，其他卫星体积都很小，直径只有几千米，其中许多小卫星的旋转方向也与天王星相反，行星表面也很不规则。这些小卫星可能是天王星后来捕获的，是在天王星形成后期加入的新成员。

下图为我们展示了天王星的5颗主卫星以及最大的一颗小卫星天卫十五，从上左向下开始几颗卫星分别名为天卫三、天卫四、天卫五、天卫十五、天卫二以及天卫一。

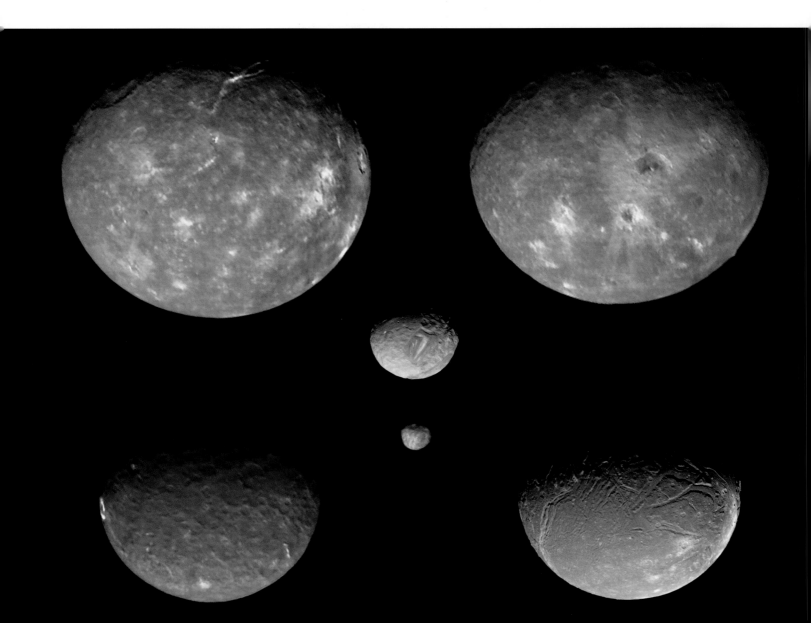

右图是14颗最靠近天王星的卫星以及它们与天王星两层星环的位置关系图。这些卫星的英文名字都来源于莎士比亚与亚历山大·蒲柏（Alexander Pope）的诗作《夺发记》中的角色。

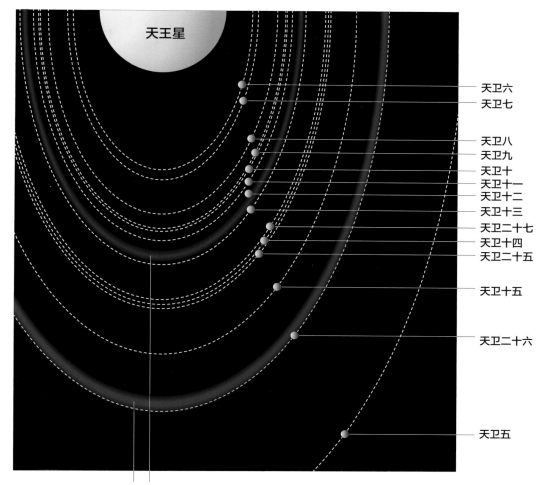

天王星

天卫六
天卫七
天卫八
天卫九
天卫十
天卫十一
天卫十二
天卫十三
天卫二十七
天卫十四
天卫二十五
天卫十五
天卫二十六
天卫五

天王星外星环R1　　天王星外星环R2

旅行者2号拍摄的天卫一，1986年

　　这张照片是旅行者2号在距离天卫一13万千米（约8万英里）的地方拍摄的。这颗卫星的地表由于许多陨石的撞击变成了"多孔结构"，不过这颗星球的地表算是所有其他卫星里形成时间最晚的。地表的许多线状沟槽是星球板块活动所导致的。旅行者2号的拍摄行动只覆盖了天卫一35%的地表面积，这颗卫星也是天王星五大卫星里颜色最浅、反光能力最强的一颗。

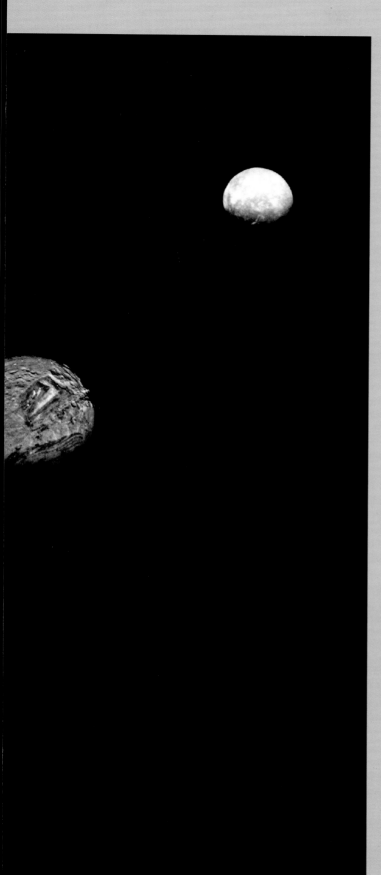

旅行者2号与美国地质局拍摄的天卫二，1986年

　　天卫二是天王星所有卫星中最黑暗的一颗。旅行者2号拍到了这颗星球40%的地表图片，结果其中只有20%足以进行地质测绘工作，其他照片都因为过暗而无法辨明细节。下图这张美国地质局绘制的天卫二地图为我们展示了这颗卫星上的地表陨石坑以及星球上的峡谷还有各式各样奇特的多边形地形。这些多边形地形都很独特，有些直径可达数百千米。它们遍布天卫二的地表，这些地形被科学家认为是很久以前某些内部地质活动所导致的。

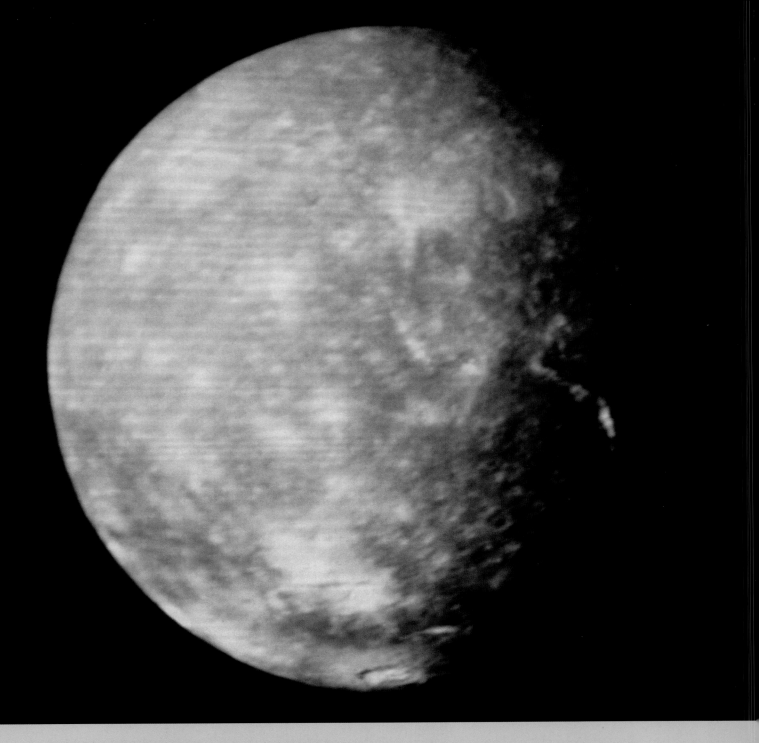

旅行者2号拍摄的天卫三，1986年

　　天卫三是天王星最大的一颗卫星，直径长达1600千米（约1000英里）。星球表面那些类似沟槽的地形在星球的明暗线处清晰可见，这些地形是由星球的地质构造运动导致的。这颗卫星地表有许多这样的"伤疤"，最大的一个"伤疤"几乎从星球的赤道一直延伸到南极。它们的直径通常为20—50千米（12—31英里），深度可达5千米（约3英里）。由于这些"伤疤"在地表上经常会经过一些陨石坑，所以我们可以得知这些奇特地形是最近才出现在星球上的（不然陨石坑就会覆盖这些沟槽）。目前已知这颗卫星上最大的格特鲁德陨石坑（Gertrude Crater）直径长达326千米（约203英里）。这颗卫星的地表颜色与天王星的第二大卫星天卫四一样都是红色的，不过天卫三颜色要稍浅一些。星球地表的苍白色区域反光很强烈，那里的山谷中很可能存在水或冰。

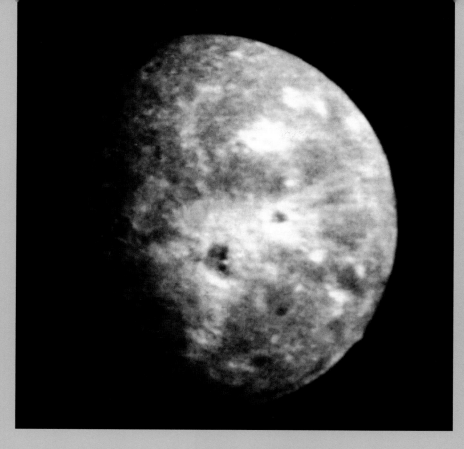

旅行者2号拍摄的天卫四，1986年

　　天王星的第二大卫星天卫四上有至少一座高达6千米（约3.7英里）的山峰。由于这颗星球的半径只有760千米（约472英里），换算过来这座山峰相当于地球上高50千米（约31英里）的山峰，海拔是珠穆朗玛峰的5倍之多。天卫四是天王星所有主卫星中表面最红的一颗，这颗卫星的表面也覆盖着其他"不规则卫星"上飘落下来的尘埃，这些尘埃在太空中缓慢飘向天王星时就会被这些更大的卫星所捕获。

旅行者2号拍摄的天卫五，1986年

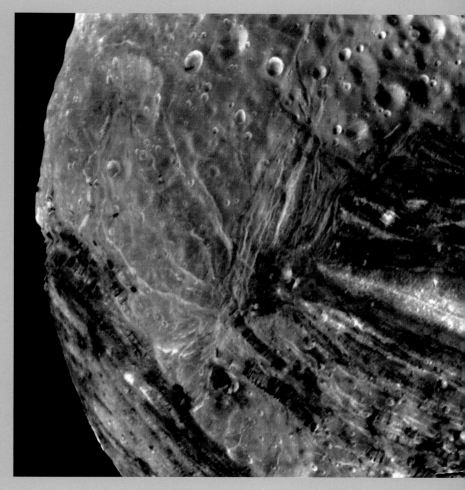

　　天卫五是天王星所有主卫星中体积最小的一颗，也是距离天王星最近的一颗。这颗星球上有着太阳系中最为奇特的卫星地貌，星球表面有着十分特殊的地表特征以及3个巨大的日冕，星球的地表沟壑纵横，充满了在陨石坑形成过程中形成的各式山谷与山脊。天卫五的地表被各式陨石坑以及尖锐的岩石分割开来，这使得整颗卫星看起来像是东拼西凑拼起来的一样，目前人们还不清楚这是什么原因导致的。有一种学说认为这颗卫星在一次偶然的碰撞中变得四分五裂，随后这些破裂的碎片又以一种偶然的方式重新黏合在一起，另有学说认为这样的地貌是小行星大规模撞击所导致的结果，除此之外还有人认为这是地下冰层融化，随后水上升到地表重新凝结所导致的。天卫五上最深的峡谷深度是北美的科罗拉多大峡谷的12倍，许多峡谷都深达20千米（约12英里），整个峡谷群覆盖宽度长达470千米（约290英里）。星球上的"V"字型峡谷群是其最为显著的特点，峡谷群由一系列明暗相间的凹槽构成，这些沟槽阴差阳错地排列出了"V"的形状。

海王星

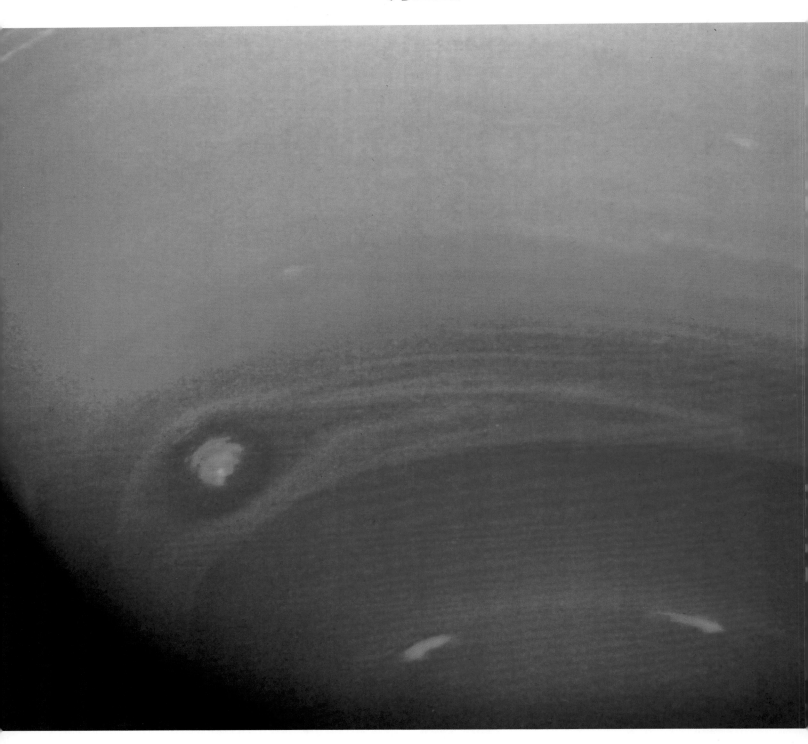

海王星美丽而湛蓝的表面和旋涡状的云层看起来风平浪静，
但是这颗星球上却拥有着整个太阳系上最狂野的风暴。

星球特征	海王星
公转周期	164.82年
公转周期	16小时06分钟
质量	地球质量×17.15
半径	地球半径×3.88
与太阳的平均距离	约45.03亿千米
卫星数量	14
发现时间	1846年
曾经飞经天王星的探测器	旅行者2号（1986年）

海王星是离太阳最遥远的行星，迄今为止人们只通过旅行者2号在1989年观测过一次。它的体积比天王星小，但是质量却比天王星大。与天王星一样，这颗星球的大气层是由氢、氦与甲烷构成的，星球的岩石核心被水、氨以及甲烷冰所包裹。海王星从表面看比天王星更蓝，这可能是一些尚未确定的成分造成的，同时这颗星球上的风暴与云层也因此更容易被观测到，旅行者2号拍摄的观测图中星球表面就有一块黑斑状的巨型风暴。

1989年，旅行者2号以4小时一周的频率围绕着海王星自转，这期间它拍下了海王星的全貌。

因数学而发现的海王星

  海王星距离太过遥远，人类用肉眼完全无法观测，所以这颗星球直到1846年才终于被确定为一颗行星。它与太阳的距离太远了，同时星球的运行速度又十分缓慢，从而使它被误认为是一颗恒星，这颗行星的运行方式与任何其他行星都截然不同。伽利略早在1612年就观测到了海王星，他在1612年12月28日与1613年1月27日自己绘制的观测图上首次在海王星的位置上标出了一颗恒星，在第二次观测中他还惊讶地发现两颗恒星（其中一颗就是海王星）的距离变远了。不过他并没有将这一明显的行星运行记录与海王星的"行星身份"联系起来，甚至日后的天文学家也误认为海王星是一颗不动的恒星。最后，由于天王星的实际运行轨道与预测轨道不相符，科学家随之认定有一颗未观测到的行星的引力影响着天王星的轨道，最后人们才确定了海王星是一颗行星。随后英国天文学家约翰·柯西·亚当斯（John Couch Adams）与法国天文学家于尔班·勒维耶（Urbain le Verrier）也都得出了海王星是行星这一结论，并随之计算出了行星的运行轨道。有了天文学家先辈的理论支持，约翰·加勒（Johann Galle）与自己的助手达赫斯特（Heinrich d'Arrest）在1846年9月23日于柏林天文台工作时终于观测到了海王星。

下面这张摘自1846年10月《伦敦新闻画报》的插图记录了新发现的海王星在9月中两个不同日期中的位置变动。这些信息被标注在下图左上角两个完整的方块中。

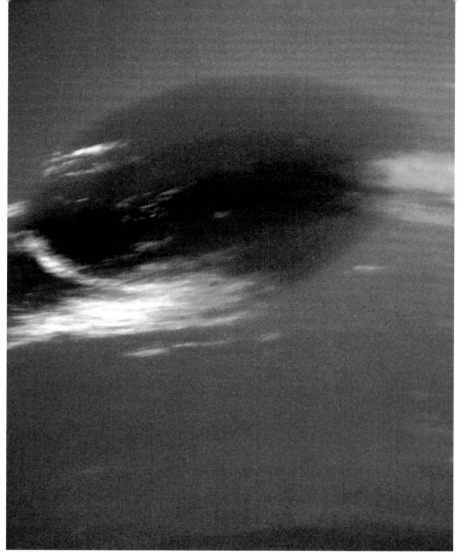

旅行者2号拍摄的海王星表面的暗斑，1989年

作为唯一一个曾经靠近过海王星的探测器，旅行者2号记录到了海王星南半球的一次巨大风暴，这场巨大风暴由于外形的原因随后被命名为大暗斑（GDS-89）。大暗斑里的风暴是有记载以来人类观测到的星球上的最大风暴，风速最高可达2414千米／小时（1500英里／小时）。这场特大风暴持续了近5年，随后在1994年哈勃太空望远镜再度观察海王星地表时消散了。此外，哈勃望远镜观测到了发生在海王星北半球更小的一场风暴。星球上的风暴改变得十分迅速，就算在旅行者号观察风暴的那几天里，整场风暴也在不断变化的过程中。

旅行者2号拍摄的海王星上空云层，1989年

海王星上的风以600米／秒（1970英尺／秒）的速度裹挟着云层游走在星球表面并随之形成巨大的风暴。星球大气层上层的碳氢化合物构成的雾气在高空中可能凝结成雪，但是在雪花降落的过程中，由于上升的大气压力，雪花又被加热融化。右边这张图片为我们展示了大气层顶部飘荡着的白云。

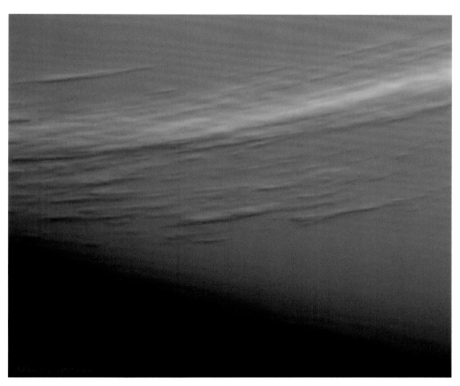

旅行者2号拍摄的海王星星环，1989年

海王星拥有一个十分微弱的星环系统，人们起初是根据望远镜观测的结果推测有星环存在，随后旅行者2号于1989年终于证实了星环的存在。两个又细又亮的星环：勒维耶星环宽113千米（约70英里），而外部的亚当斯星环宽35千米（约22英里），这两个星环都只有几百米厚。除了这两个星环，还有两个更微弱、更宽广的星环直径分别为2000千米（约1243英里）与4000千米（约2485英里），这两个更为微弱的星环分别只有150米和400米厚。最宽的这个星环由于星环外沿非常亮，有时又被人们视作一个单独的星环，这个单独的星环宽100千米（约62英里）。组成星环的物质非常黑，可能是水冰、岩石以及一些碳基化合物的混合物，并且其中灰尘的占比非常高（灰尘指的是非常小的颗粒物质）。

在这张图片最明亮、最清晰可见的两个星环分别是勒维耶环与亚当斯环。

海王星的卫星照片，2004年

海王星有14颗卫星（截至2014年），其中有5颗都是旅行者号在1989年发现的。最大的卫星海卫一在1846年确定发现海王星的17天后就被观测到了。而第二个被发现的则是离海王星最远的卫星之一海卫二，发现于1949年。随后直到20世纪80年代才确定其他卫星的存在。于2013年最新发现的卫星海卫十四（又称为海马星），它的照片起初拍摄于2004年。这些卫星的直径为35千米（约22英里）至2700千米（约1678英里）不等。

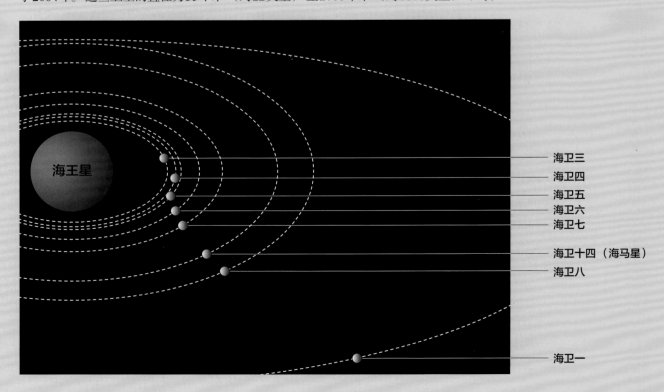

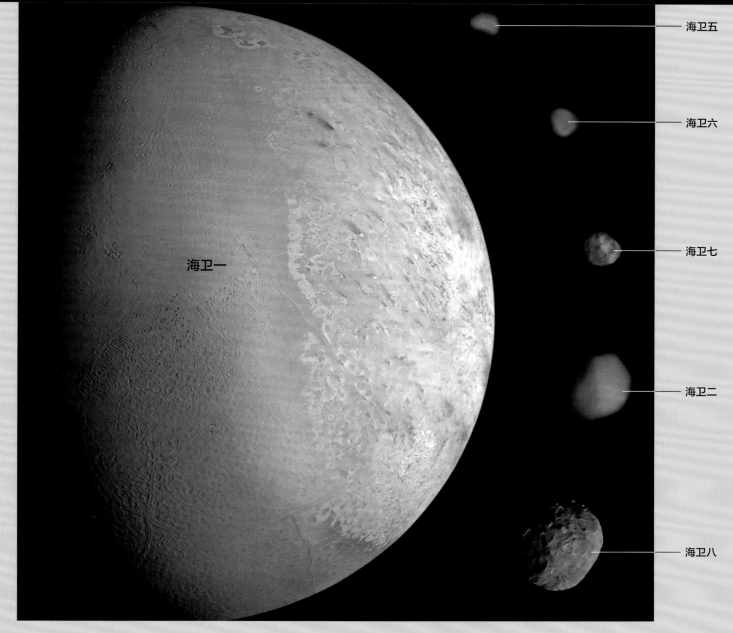

海卫五

海卫六

海卫七

海卫一

海卫二

海卫八

直径大于150千米的几颗海王星卫星图，这些图片由NASA／喷气推进实验室提供，数据来自旅行者2号，每个像素点代表1千米的距离。处理过的图像和拼贴画版权所有者为泰德·施特里克（Ted Stryk）。

旅行者2号拍摄的海王星最大的几颗卫星，1989年

海王星的许多卫星都被海王星自身"回收"了。很久以前，当海王星捕获其最大的卫星海卫一时，原始的卫星群遭受到了毁灭性的打击：原始的行星互相碰撞，形成了一个巨大的碎石堆，碎石相互堆叠随之形成了现在这些新卫星。距海王星最远的两颗卫星——海卫十、海卫十三与海王星的距离比太阳系中任何卫星距离它们所环绕的行星都要远。

更靠近海王星的7颗"内圈卫星"都是规则卫星，它们都保持圆形轨道并与星球自转一致，而另外7颗"外圈卫星"则都是不规则卫星，它们中有的运行方向与内圈卫星相反。旅行者2号只拍到了海卫一的高质量图像（上图左），右边则是已知最大的几颗海王星卫星的大致图像。

旅行者2号在海卫一上发现了一个较浅的陨石坑，除此之外就是广阔而平坦的平原地带。海卫一是太阳系中仅有的4个地质运动十分活跃的天体之一，另外3个分别是地球、金星与木卫一。海卫一的地表冰盖上覆盖着一层冰冷的氮气，这使得这颗卫星能反射许多光，地表下面是岩石以及金属星核。这颗卫星由氮气与甲烷组成的稀薄大气从星球表面的间歇泉喷薄出来，不过由于星球地表温度仅为-235℃（-391℉），这些气体很容易结冰。

卫星 "破坏者"——海卫一

海卫一是太阳系中最神秘的卫星之一。与其他主要的海王星卫星不同，这颗卫星运行在一条逆行轨道上。海卫一近乎圆形的轨道高度倾斜（相对于海王星的赤道平面的倾斜角度），并且整个星球离海王星非常近。海卫一作为海王星卫星系统里最大得一颗卫星，仅自身就占据了整个海王星卫星系统总质量的99.7%。这种奇异现象产生的原因可能是因为海卫一起初是海王星附近的柯伊伯带里的天体，后来被海王星的引力捕获，所以才成了海王星的一颗卫星，这就解释了为什么海卫一的质量大得这么夸张，海卫一这个 "巨无霸" 的存在也与海王星周围其他卫星的消亡有着密不可分的关系。数学建模表明，海王星最初拥有比天王星更为广泛复杂的卫星系统，可是由于海王星的引力捕获了其他卫星，导致原先的许多卫星在这个过程当中被摧毁，最后才形成了今天这样的卫星系统。现在的许多海王星卫星可能是之前摧毁过程中的幸存者或者是卫星碎片的混合体。海王星卫星系统里的海卫二与海卫三都是一堆瓦砾碎片的混合体，而非一颗单一完整的星体。

NASA观测到的海卫十四，2019年

下图这张艺术家绘制的海卫十四印象图是在人们确定了海卫十四的确存在之后才绘制的。科学家认为这颗卫星是海卫八40亿年前与一颗彗星碰撞后掉落的一大块碎片。旅行者2号在飞行过程中没能成功观测到这颗卫星，因为它的存在感十分薄弱，海卫十四在最强的望远镜里也只是一个微小的斑点，它的亮度只有人类肉眼可见的最暗行星的一亿分之一。这颗卫星的发现也表明太阳系中有着更多未经人们发现的 "碎片" 卫星存在。海卫十四绕海王星飞行一周只需要22个小时。

第四章

行星之外：
在太阳系边缘

太阳系中除了行星与卫星还有更多数量的其他天体存在，其中就包括许多矮行星与小行星。除此之外还有着更小的小行星、柯伊伯带以及彗星。在海王星轨道之外，有一大片人们从未探索到的区域。太阳被一个由矮行星、岩石以及冷冻的挥发 "冰" 物质所组成的 "圆盘" 包围着，这个圆盘宽达20AU，是地球到太阳距离的20倍之远。

左图： 太阳系内部的岩石行星被碎石带所包围，这种碎石带被称为小行星带（asteroid belt）。小行星带位于火星与木星的轨道之间（左图上）。但这只是太阳系中的一个 "小" 中心，在距离岩石行星更远的地方有一个巨大的由冰体与矮行星组成的环状带，被称为柯伊伯带（Kuiper Belt，左图下）。

除了行星还有什么？

　　人们主动划分了行星与非行星之间的差别 —— 太阳系当然不会对所有天体自主分类，在宇宙中所有的物种类别并没有自然的界线。

　　当太阳系形成的时候，重力作用到了许多物质上，其中就包括一些日后没有被吸引的行星以及行星盘中的物质。这样的物质堆积在一起，其中一些堆积物的大小甚至可以媲美行星。这些物质堆积到一定质量之后就开始变成球，但那时其大小还不足以清除其他较小型天体的运行轨迹。在这些矮行星中最著名的就是冥王星，直到2006年，冥王星才被降级，从行星行列中"除名"。除冥王星之外还有4颗被科学家证明存在的矮行星：谷神星、妊神星、鸟神星以及阋神星。其中，谷神星位于火星与木星之间的小行星带中，其他矮行星的运行轨道都在海王星之外，因此这些行星也被称为外海王星天体（TNOs，trans-Neptunian objects）。除了这些矮行星，还有些行星比如塞德娜星、创神星、拜登星都被认为是潜在的矮行星候选者。人们认为一些更大的行星在形成过程中失败了，随后行星解体后留下来的星核形成了一些矮行星。

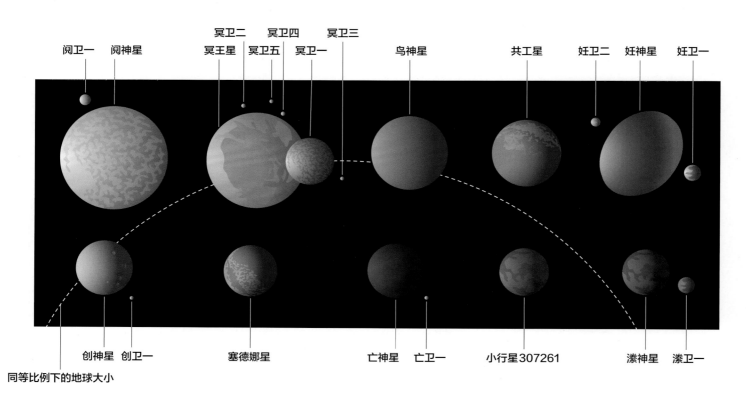

图为柯伊伯带中的大型天体及其卫星。带中最大的一群已知天体 —— 冥王星、阋神星、鸟神星以及妊神星都是矮行星。共工星（小行星2007 OR10）是带中第三或第四大的天体，它也可以归属于矮行星一列。

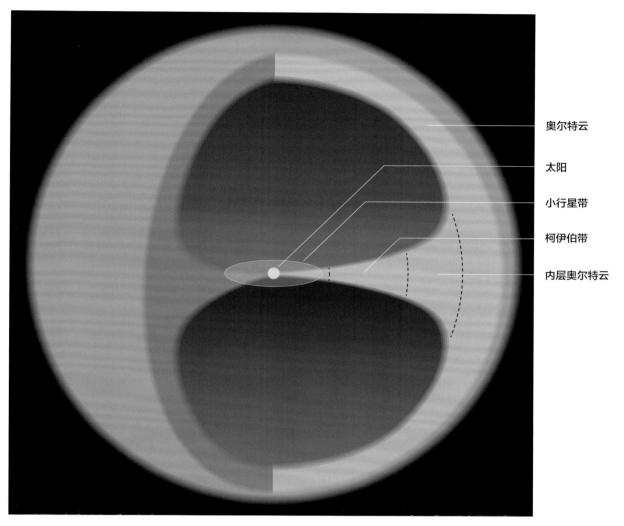

奥尔特云

太阳

小行星带

柯伊伯带

内层奥尔特云

上图： 柯伊伯带指的是海王星轨道之外的一片区域，里面包含着数10亿个大小不等的冰体。在柯伊伯带之外则是奥尔特云区域，这是一个由更多冰体组成的球形外壳，环绕着整个太阳系。整个奥尔特云区域从离太阳1000AU左右的地方开始，一直向外延伸100000AU，科学家认为整个云区内至少包含着两万亿（兆）个天体。

下图： 延伸到柯伊伯带中的冥王星轨道（倾斜的黄色的圆），柯伊伯带则为海王星轨道外圆圈状的环形冰体区域。

柯伊伯带以及更远区域里的彗星

　　许多彗星来自柯伊伯带，这些彗星本来只是柯伊伯带椭圆轨道上的冰体，当它们靠近太阳时，人们便可以通过反射光观测到它们。科学家认为回归周期小于200年的彗星都是来自柯伊伯带的，而回归周期更长的彗星（有的周期长达数千年甚至上百万年）则被认为是来自奥尔特云的。

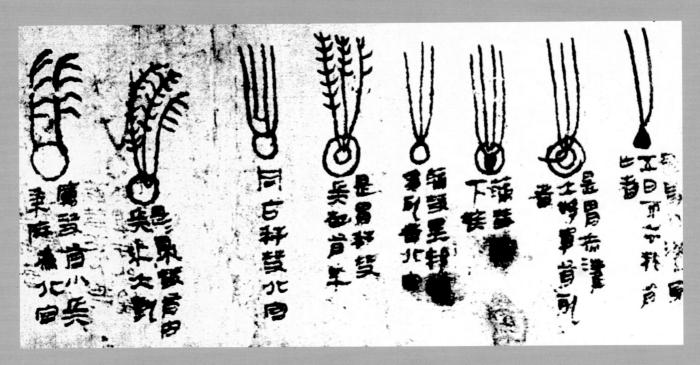

上图： 上图展示的是人们在墓穴中发现的丝绸手稿，其中显示了中国的天文学家在公元前2世纪观测到的7颗彗星，这也是现存的关于彗星最早的记录。

右图： 于11世纪70年代在法国诺曼底制作的巴约挂毯（Bayeux Tapestry），上面描绘了一幅人们手指一颗象征吉兆的彗星的景象。由于这颗彗星出现在1066年左右，科学家推测它就是大名鼎鼎的哈雷彗星。

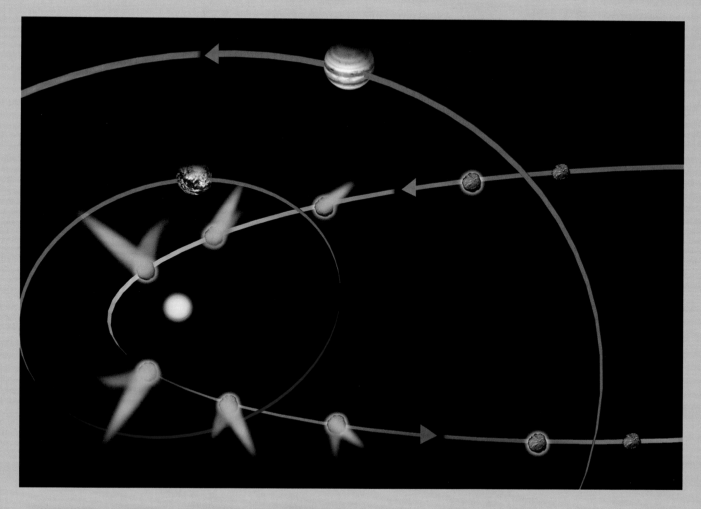

上图: 当一颗彗星的星核靠近太阳时（沿着右边的绿色轨道），星球整体开始升温。当彗星加温之后首先会出现彗发（coma），这是星球表面的一层气体。随后当彗星靠近地球轨道时，它还会形成一条尘埃构成的尾巴 —— 当包裹星球的冰融化、蒸发后，星核中的岩石颗粒就会被释放出来形成这条尾巴。随后当彗星返程时，星球首先失去这条尾巴，随后失去彗发，最后回归成一个冰冷的巨块。经过这一趟旅途，整个彗星的质量会略微减轻一点。

左图: 于1997年拍摄的海尔波普彗星（Hale-Bopp）。星球上剥离下来的离子（蓝色）以及尘埃"尾巴"清晰可见。

矮行星

矮行星这一词于2006年首次提出，当时发现了许多与冥王星大小相似的天体，这样一来太阳系中的行星数量就太多了，不便统计。包括矮行星在内的所有行星在自转的过程中都会在自身的重力作用下大致变成球状，除此之外所有的行星以及矮行星都必须在环绕着太阳的轨道上运行，不可以环绕着其他任何东西运行（这样一来卫星就不可以被称为行星或小行星了）。但是，矮行星还有着一个与其他较大的行星不同的地方 —— 当几颗较大的行星绕轨道运行时，轨道上的碎片要么被星球本体吸收，要么在重力的作用下聚集起来形成卫星，但是矮行星由于自身重力不足无法做到。虽然迄今为止官方只确认了5颗矮行星，但据科学家估计仍有200颗左右的小行星存在于柯伊伯带中。

右图： 谷神星，人类发现的第一颗矮行星，这也是唯一一颗位居小行星带中的矮行星

与小行星不同的是，矮行星的星球组成成分并不完全相同。星球上较重的物质（例如岩石与金属）已经沉入了地核，而较轻的物质（例如冰与有机化合物）则更靠近地表。1801年人们发现第一颗矮行星谷神星时，我们甚至还不知道海王星的存在。它被人们当作行星长达50年，然后被重新归类至小行星，最后直到2006年才最终被认定为矮行星。1915年，根据对天王星以及海王星轨道干预的研究，人们又预测了冥王星的存在可能，随后在1930年，克莱德·汤博（Clyde Tombaugh）终于发现了冥王星。除了谷神星及冥王星，剩下的3颗矮行星都是在21世纪发现的，分别是2004年发现的妊神星以及2005年发现的鸟神星和阋神星。

左图： 由哈勃望远镜收集的数据显示冥王星的岩石核心达星球直径的70%左右，星球地表被一层冰盖包围，冰盖之下则是甲烷、氮与碳的混合物。在地核的上方可能存在液态水与氨构成的海洋。

NASA拍摄的 "冥王星之心"，2015年

冥王星是反方向进行自转的，星球的地轴倾斜度约为120°，也因此冥王星的南极比北极位置更"高"。冥王星的岩石星核之上是一层水冰构成的地幔，再上则是又一层冰冻的氮与水的混合物。NASA发射的新视野号（New Horizontal）探测器在距离冥王星768000千米（约477000英里）的地方拍摄了这张照片。星球最引人瞩目的地标是位于北半球的"冥王星之心"，这块区域在学术上被称为汤博地区（Tombaugh Regio），取自美国天文学家克莱德·汤博（Tombaugh Regio）。整片区域宽达1600千米（约1000英里）。科学家认为冥王星之心附近的暗色区域是太阳光作用于甲烷而产生的一种复杂的碳化合物。整片区域富含氮、一氧化碳以及甲烷冰。人们早在新视野号造访冥王星之前就发现了这片亮色的心形区域，而且这片区域已经经历了60多年的暗化过程，星球上新出现的山脉就是近期地质活动活跃的佐证。

这片山脉海拔3500米（约11000英尺），这些山峰是在较近时间内形成的，大概在1亿年前开始地质活动，迄今为止或许仍在形成的过程中。山顶上可能覆盖着水冰，这也是星球地幔的主要构成成分。

大小不一的卫星

冥王星有5颗卫星，迄今为止发现最大的一颗是冥卫一（卡戎星）。相对而言，冥卫一的直径只有冥王星的一半，不过它也已经是整个太阳系中最大的一颗卫星了。冥王星的这5颗卫星可能都是由冥王星本身与来自柯伊伯带的一颗同样大小的天体碰撞形成的。冥卫一发现于1978年，而其他卫星都是通过哈勃望远镜发现的，它们分别是2005年发现的冥卫二、冥卫三，2011年发现的冥卫四以及2012年发现的冥卫五。这些较小的卫星由于体积太小，所以没有足够的引力变成球状，它们在卫星轨道上胡乱翻滚，同时由于不是球状，这些星球上的每一天时长也都不一样。

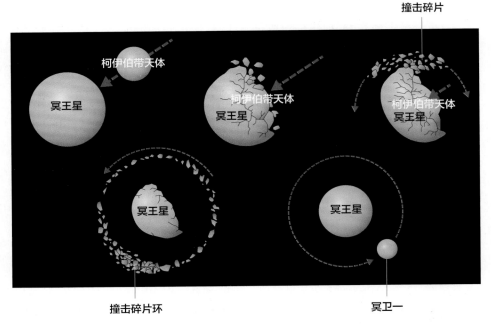

上图： 冥王星最大的卫星冥卫一可能的形成过程。一次巨大的撞击将冥王星的一大块击落，随后在重力重新将缺损的冥王星变成球状之前，这块碎片变成了围绕冥王星的一片碎石环，同时这颗卫星也从这片碎石环中诞生出来。

下图： 迄今为止我们只拍到了冥王星4颗较小卫星的十分模糊的照片，不过从这些照片中我们仍然可以得到一个惊人的事实——冥王星最小的卫星冥卫五的直径只有16千米（约10英里），但是这颗卫星距离冥王星却有75亿千米（约47亿英里）远。除此之外，冥卫三与冥卫四这两颗较大的卫星则可能都是由两颗较小的卫星组合而成的。

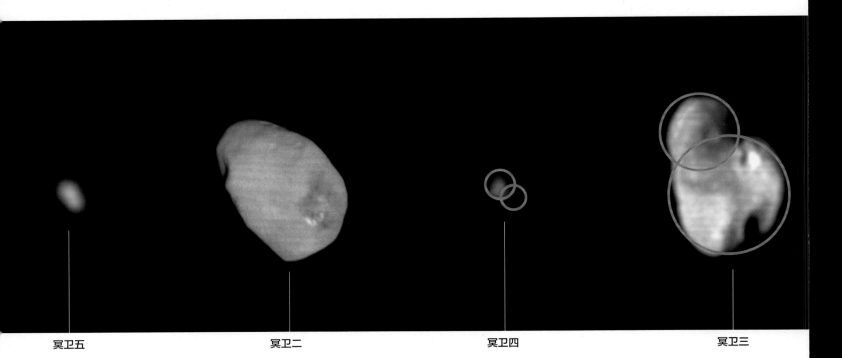

冥卫五   冥卫二   冥卫四   冥卫三

新视野号拍摄的冥卫一，2015年

　　严格来讲冥卫一算是冥王星的一颗卫星，但是它的体积太大了，以至于许多天文学家都将冥卫一与冥王星视作一个双星系统。冥卫一与冥王星的距离非常近，只有19640千米（约12200英里），这比从伦敦到悉尼的距离还要近。冥卫一绕冥王星运转一周需要6.4天，整颗星球还被冥王星的潮汐力锁定。冥卫一地表的大部分被水冰所覆盖，并呈现灰色，不过在靠近北极的一块区域呈现微红色（左图中的颜色被人为增强了，真实颜色并没这么红）。人们认为这种颜色来源于冥王星的大气层，冥王星上的甲烷通过大气层的漏洞被吸附到冥卫一上，随后这些甲烷吸附在冥卫一北极寒冷的地表上，随后在紫外线的作用下形成托林（tholin，一种存在于远离母恒星的寒冷星体上的物质，是一类共聚物分子，由最初的甲烷、乙烷等简单结构有机化合物在紫外线照射下形成），托林随后在星球地表与冷冻的水发生反应然后生成了这些红色的化合物，从而使星球地表变成微红色。

新视野号拍摄的赖特山（Wright Mons），2015年

　　冥卫一地表的地貌给天文学家带来了许多困惑，光滑的地表以及相对而言更少的撞击坑表示由于星球绝对体积较小同时温度太低，地质活动难以发生，所以星球的地表更迭主要是由低温火山活动造成的（火山在很低的温度下爆发）。很有可能因为一次或者多次天体碰撞熔化了星球的整个地表，导致它如此光滑，可是冥卫一上又有很多的裂谷及悬崖，绵延长达1600千米（约1000英里），最深处深达7.5千米（约5英里），这样的现象被人们认为是上一次的碰撞既没有让整个星球碎裂，也没有重塑星球的整个地表。星球地表的这些深谷群，形成了一条环绕着冥卫一赤道的峡谷带。

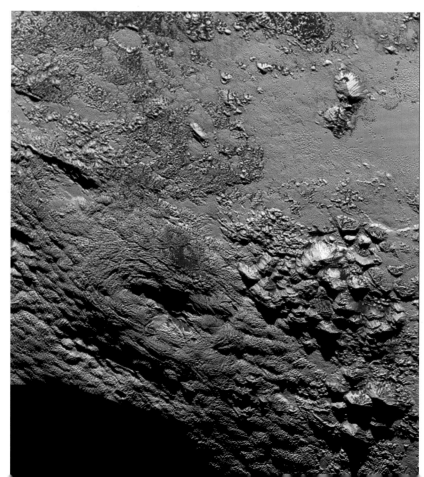

NASA与ESA拍摄的阅神星，2006年

作为一颗轨道高度椭圆化的矮行星，阅神星的轨道需要运行558年才能完成一周，同时它也是除了冥王星外最大的柯伊伯带天体（KBO）。阅神星被人们发现于2005年，星球看起来十分明亮，这是由于阅神星地表反光导致的，正如下图所示。目前为止阅神星只有一颗已知的卫星，阅卫一。

左中图： 阅神星与其卫星。

右中图： 艺术家绘制的阅神星与阅卫一与太阳的对比图。

NASA发布的鸟神星照片，2016年

上面的鸟神星照片为我们展示了鸟神星红棕色的外表，鸟神星地表可能覆盖着一层冰冻的甲烷，这些甲烷可能以直径1厘米（约0.5英寸）的方式存在。星球地表还可能有冰冻乙烷与氮气存在。鸟神星只有一颗卫星，昵称为MK2，这颗卫星直径约为160千米（约100英里）。鸟神星上的1天时长22.5小时，而1年的时间是305个地球年。

约翰·R. 福斯特（John R. Foster）绘制的妊神星及其卫星图

人们对妊神星知之甚少（左图），这颗矮行星发现于2005年，这也是科学家推测在数十亿年前发生的一次巨大撞击中所留存下来的最大一颗天体。妊神星是太阳系所有天体中自转速度最快的一颗，星球的宽度超过100千米（约62英里），它自转一周只需不到4个小时，不过妊神星的一年长达285个地球年，这也意味着妊神星上的一年中有多达625000天。妊神星拥有两颗卫星,妊卫一、妊卫二，以及一个简单的星环系统，星环由尘埃与冰晶组成，宽约70千米（约44英里）——这也是人们所发现的第一颗带星环的柯伊伯带星体。

柯伊伯带及带上的天体

柯伊伯带宽度惊人（约20AU），整个柯伊伯带从距离太阳30AU的地方开始，里面充满着各种碎片，都是太阳系形成后遗留的各类块状物。柯伊伯带有点类似于小行星带，不过宽度是小行星带的20倍，质量更是200倍之多。人们认为太阳系中的小型天体没有非常明显的分别，不过金属与岩石含量较高的天体都"生活"在小行星带中，而冰含量更高的天体则都存在于柯伊伯带。当然也有特例，半人马小行星（Centaurs）的轨道就在小行星带与海王星之间，因为这颗星球的组成成分特殊，正好冰与岩石各半。

人们在1992年第一次观测到柯伊伯带上的天体（Kuiper Belt Object，简称KBO），6个月之后又观测到了第二个。迄今为止人们已经观测到了1000多颗柯伊伯带天体，人们认为柯伊伯带上直径超过100千米的天体就超过10万颗，同时还可能有数十亿颗更小的小行星，目前为止观测到的最小的柯伊伯带天体只有1.3千米（约0.8英里）宽，是一个来自日本的业余天文学社团使用十分简易的望远镜观测到的。

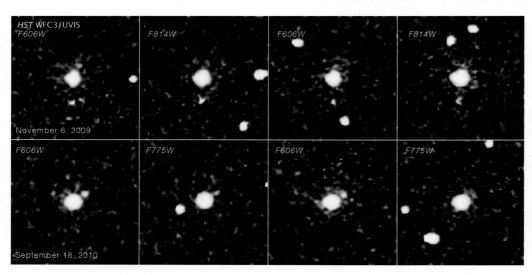

光谱分析表明，柯伊伯带天体由各种冰组成，其中包括甲烷冰、氨冰以及水冰。带中的物体会在碰撞中逐渐变为尘埃，或是像彗星一样在旅途中逐渐燃烧殆尽，所以柯伊伯带很可能在1亿年之内消失殆尽，我们人类出现的好像恰逢其时。

顶部图： 艺术家绘制的创神星（编号为2002 LM60）图，当人们在2002年首次观测到创神星时，它便成了继冥王星以来人们发现的太阳系中最大的天体。这颗行星位于冥王星外16亿千米（约10亿英里）的地方，这也是太阳系中能用望远镜观测到的距离最远的天体。

中图： 艺术家绘制的齐娜星（编号为2003 UB313）及其卫星齐卫一。齐娜星可能比冥王星体积略微大一些，图中太阳位于左上方的角落处。

下图： 这些照片为我们展示了共工星（编号为2007 OR10）及其卫星的运动轨迹。

新视野号拍摄的小型天体 "天涯海角"，2019 年

在冥王星之外，被人类仔细观察过的柯伊伯带天体是煎饼状的 "天涯海角"（Ultima Thule，或译作 "终极远境"），这块造型怪异的天体距离太阳 65 亿千米（约 40 亿英里）。离开冥王星之后，新视野号随之启程前往天涯海角，到 2019 年时，新视野号终于得以靠近天涯海角，距离仅为 3500 千米（约 2200 英里）。天涯海角是两颗星球 "粘连" 在一起形成的一块异形天体，两颗天体结合之后的总长度约为 30 千米（约 18 英里）。这个天体自 46 亿年前太阳系诞生以来一直以圆形的轨道运动，几乎没有改变过。天涯海角最明亮的区域在两颗星球的黏合处，天体的整个表面布满了各种各样的撞击坑，最小的约 0.7 千米（约 0.5 英里）。连接的两颗星球较小的那颗名为 Thule，较大的名为 Ultima，合在一起即 Ultima Thule。

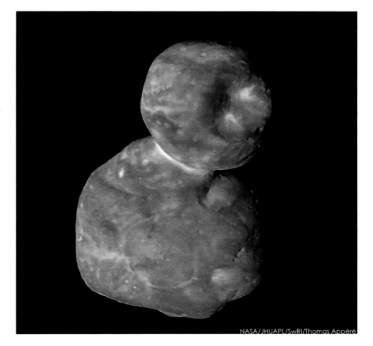

一颗彗星的尾巴

　　柯伊伯带是进入太阳系内部并围绕太阳运转的诸多彗星的源头。当柯伊伯带天体成为一颗彗星时，它的轨道便会进一步接近太阳，同时远离柯伊伯带。当这颗彗星向前运动时，由于星球表面的冰逐渐融化，星球内的尘埃便被释放出来，形成了这颗彗星的彗尾部分。在柯伊伯带之外的彗星沿轨道运行一周可以长达几百、几千甚至上百万年。目前已知的绕轨道运行一周时间最长的彗星名为威斯特彗星（Comet West），它的绕行周期长达25万年。

左图： 哈勃太空望远镜拍摄的一张C／2017 K2彗星的照片，彗星的彗发随着其越来越靠近太阳而越拖越长。这颗彗星源自更为遥远的奥尔特云，到达照片中的位置时（刚刚经过了土星的公转轨道）已经运行了上百万年了，时至今日这颗彗星的彗发已经长达13万千米（约8万英里）了。

67P／楚留莫夫-格拉西缅科彗星照片，2015年

　　由罗塞塔号空间探测器载的欧洲航天局设计的菲莱（Philae）登陆器第一次实现了彗星上的软着陆。罗塞塔号传来的照片清晰显示了这颗67P／楚留莫夫-格拉西缅科（67P／Churyumov-Gerasimenko）彗星的形状，整颗彗星由两块岩石碎片组成。在菲莱登陆器降落之后，近距离拍摄的照片为我们展示了星球地表上一片崎岖的暗色岩石以及冰层。

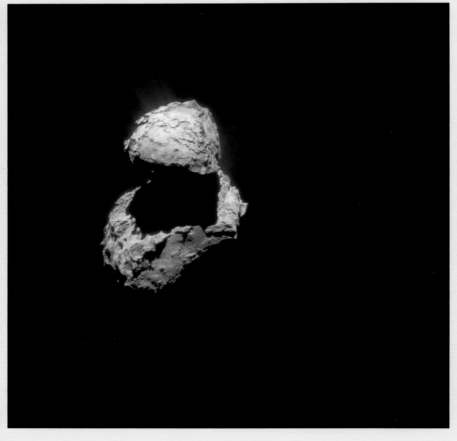

这张以124千米（约77英里）距离拍摄的照片清晰地展示了这颗由两块岩石碎片组成的彗星。由于彗星地表的冰层蒸发而挥发出来的尘埃开始在这颗彗星的周围形成一片薄雾。

菲莱登陆器着陆时在地面反复"弹跳"以降低冲击力，最终在原定计划着陆点1千米处一个名为阿比多斯（Abydos）的未知区域着陆。

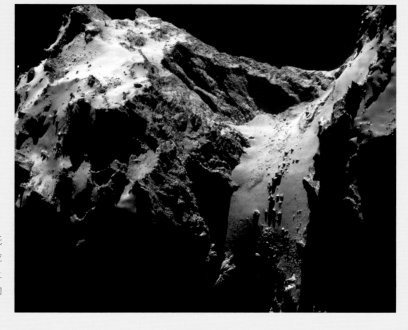

这颗彗星上较小的那块岩石在左边，上面有一个叫作哈托尔悬崖（Hathor Cliffs）的地形。彗星平滑的"颈部"位于两块岩石中间，此处名为哈皮地区（Hapi Region），上面散落着许多巨石。这张照片是在距离当地30千米（约19英里）的地方拍摄的，整片"颈部"区域宽2.4千米。

菲莱号（Philae）彗星探测器
第一次着陆点

菲莱号彗星探测器
最后着陆点（预估）

边界之外

　　目前为止我们能绘制的精度较高的星图仅限太阳系内，不过太阳系里的行星以及天体只占整个宇宙数以10亿计的行星中的一小部分。人们在20世纪90年代发现了第一颗太阳系外行星，迄今为止天文学家已经发现了超过1000颗系外行星，随着时代的进步，越来越多的系外行星被人们所观察到。

上图：67P／楚留莫夫-格拉西缅科彗星地表的19个区域被科学家命名，这些区域内拥有各种各样的地貌，其中包括凹陷的、平滑的以及被灰尘覆盖的平原或深坑，还有板结在一起的岩石状地面。

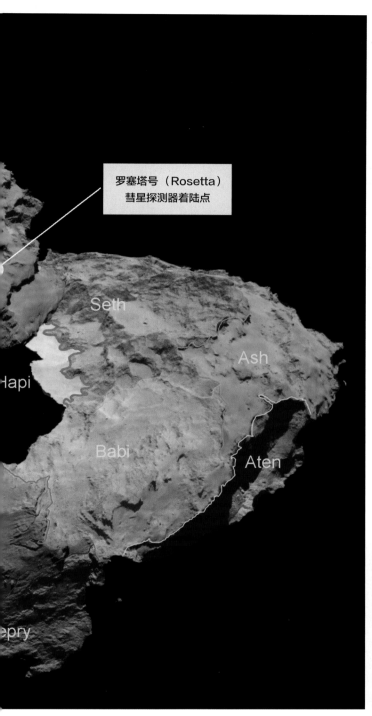

罗塞塔号（Rosetta）
彗星探测器着陆点

Seth

Ash

Hapi

Babi

Aten

epry

欧洲南方天文台绘制的星际天体奥陌陌的图像，2018年

欧洲南方天文台（European Southern Observatory）在2017年第一次观测到了来自太阳系外的"访客"，并将其命名为奥陌陌（Oumuamua）。它是由夏威夷的Pan-STARRS 1望远镜观测到的，起初这台望远镜是用于观测近地天体的，可是在奥陌陌运行到离地球最近的距离以后并过了一个月，Pan-STARRS 1观测到了它。尽管这是人类历史上第一次观测到这样的天体，不过科学家却表示来自太阳系外的天体肯定不在少数。科学家预测每一年之内至少会发生两起这样的"造访"事件，平均每隔30年就会有一颗来自太阳系外的天体撞向太阳，银河系中可能有1026个这样的天体，它们的总质量之和是地球的1000亿倍。

奥陌陌长约0.4千米（约0.25英里），地表为深红色，由岩石和金属构成。这颗星球每隔7.3小时自转一周，在绕行太阳一周之后，又以158360千米/小时（98400英里/小时）的速度冲出太阳系。奥陌陌不像其他彗星，带有很长的彗发，所以人们普遍认为这块雪茄状的天体是一块坚硬的整体。奥陌陌的出现让我们注意到了这些经常在太空中游荡的旅客，与之类似的小行星永远都不会靠近太阳，但是它们会闯入我们生存的太阳系中，这类天体常常被我们忽视。

行星之外的行星

　　越来越多的证据表明，太阳系外围或许还存在着一颗巨大的行星（第九大行星），这颗行星的引力导致柯伊伯带上的许多天体轨道异常。如果这颗行星真的存在，它的质量得是地球的10倍之多，可以被称为"超级地球"了，沿着它的轨道绕太阳一周需要1万至2万年，这些数据都暗示着太阳系中或许存在着这颗"第九大行星"。

　　时至今日，我们正在揭开太阳系之外其他恒星周围行星的"神秘面纱"。这些小行星曾经只存在于科幻小说里，现如今它们正逐渐进入主流天文学家的视野。人们在1992年首次证实了系外天体的存在，迄今为止已有数千个这样的天体为科学家所知。不过即便是这些天体中与地球相隔最近的，其距离也还是太远，导致我们无法使用望远镜直接进行观测，不过除了直接观测，我们还可以使用别的方法知道这些天体的存在——当这些天体经过某些恒星前方时，通过这些恒星散发的光的周期性明暗变化，我们就可以推算出这些系外天体的存在。天文学家通过计算光的强弱变化就可以得知这颗系外行星大概的体积大小，并通过连续两次光变化的时间间隔计算出这颗行星的轨道。除此之外，通过光谱分析我们还可以得知这颗天体可能的组成成分以及温度信息。

　　迄今为止，科学家已经观测到了一些太阳系外的气态巨行星，它们的体积远大于太阳系中这些已知的气态巨行星，其中还有些温度很高，我们一般将这样的系外行星称为"热木星"（hot Jupiters，因为这些星球的体积比木星还大，而且温度高，故而得名）。除此之外，还有些系外行星是类地岩石行星，它们与其绕行的恒星之间的距离正好使得星球地表存在液态水，即超级地球。另外，系外行星中还存在海洋星球，整个星球的地表全部被水覆盖。

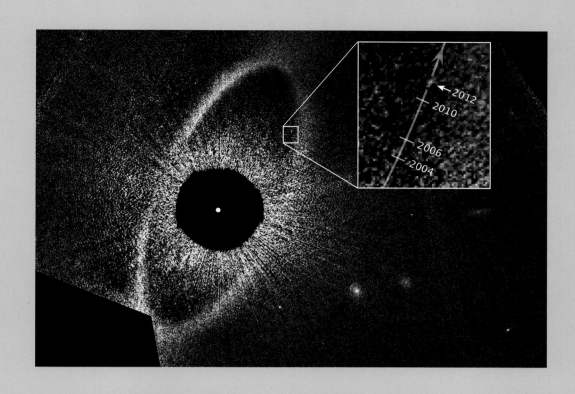

右图： 依据海勃望远镜拍摄的数据所绘制的这张伪色图显示了系外行星"北落师门b"（Fomalhaut b）的位置。这颗行星每2000年沿着椭圆形的轨道绕着一颗恒星公转一周。它会在20年内进入柯伊伯带里的小行星碎片带，进入碎片带之后这颗行星可能会与其他天体发生碰撞。图中的细节部分为我们展示了这颗星球8年以来的运行轨迹（中心的暗圈挡住了恒星发出的光线，其他天体也因此得以被人们观测到）。

"无家可归的行星"

由于行星本身的定义就是一颗环绕着另一颗恒星运动的天体，因此当人们首次提出"流浪行星"的概念时使得这些行星看起来与其他行星格格不入。时至今日，银河中可能仍有2000—4000亿颗流浪行星在漫无目的地漂流，它们可能是从太阳系中"出走"的行星，也可能是在宇宙中直接吸收星际尘埃与气体而单独形成的，就像其他恒星一样。如果它们的体积最后没有变得大到足以产生核聚变从而变成恒星，那么它们的命运最后依旧会是宇宙中漫无目的的"游客"，游荡在空旷的太空中。

左图： 艺术家绘制的Trappist-1系外星系的概念图。在这个星系中极冷的红矮星Trappist-1被7个地球大小的行星围绕着，其中Trappist-1e被认为是一颗充满液态水的"海洋行星"。

图片版权